青少年求知文库
QingShaoNian QiuZhiWenKu



# 青少年必知的低碳生活100例

俊　宁　赵海楠　编

吉林人民出版社

**图书在版编目（CIP）数据**

青少年必知的低碳生活100例 / 俊宁，赵海楠编. —
长春：吉林人民出版社，2010.7（2021.3重印）
（青少年求知文库）
ISBN 978-7-206-06871-3

Ⅰ. ①青… Ⅱ. ①俊… ②赵… Ⅲ. ①节能—青少年
读物 Ⅳ. ①TK01-49

中国版本图书馆CIP数据核字(2010)第120477号

## 青少年必知的低碳生活 100 例

编　　者：俊　宁　赵海楠
责任编辑：王一莉
吉林人民出版社出版（长春市人民大街 7548 号　邮政编码：130022）
印　刷：三河市燕春印务有限公司
开　本：700mm×970mm　　1/16
印　张：13　　　　　　字数：110 千字
标准书号：ISBN 978-7-206-06871-3
版　次：2010 年 7 月第 1 版　　　印　次：2021 年 3 月第 2 次印刷
定　价：39.00 元

# 目　录

# 1 节约用水，一水多用



## 树立惜水意识

长期以来，人们普遍认为水是“取之不尽，用之不竭”的，不知道爱惜而浪费挥霍。实际我国水资源人均拥有量并不丰富，地区分布不均匀，再加上污染，使水资源更加紧缺。自来水其实来之不易。节水要从爱惜水做起，牢固地树立“节约水光荣，浪费水可耻”的信念，才能时时处处注意节水。

## 一水多用

（1）洗脸水用后可以洗脚，然后冲厕所。（2）家中应预备一个收集废水的大桶，它完全可以保证冲厕所需要的水量。不要把垃圾扔厕所用水冲掉，否则不但浪费水，还易堵塞排水管道。同时，可在马桶水箱的底部放入两个盛满水的瓶子，通过减小整个水箱容积，起到节水效果。(3) 淘米水、煮过面条的水，用来洗碗筷，去油又节水。(4) 养鱼的水浇花，能促进花木生长。(5) 家里洗餐具，最好先用纸把餐具上的油污擦去，再用热水洗一遍，最后才用较多的温水或冷水冲洗干净。(6) 洗澡：间断放水沐浴，搓澡时及时关水。盆浴后的水可用于冲厕及拖地等。(7) 洗衣：小件、少量衣物手洗，可节约大量用水。洗少量衣物时，洗衣机水位定太高，既洗不干净又费水；用漂洗衣物的水冲厕，一次可节约 30 到 40 升水。(8) 洗手：用流动的水洗手、洗脸会浪费不少水，如果用脸盆洗手，不仅减少浪费，还可将洗完手后的水用来洗拖布、冲马桶。(9) 洗车：爱车脏了之后，可以尽量自己打水清洗爱车。一般一桶水就能使爱车容颜焕发。同时，可使用洗涤水、洗衣水洗车。(10) 洗菜：在洗叶菜前，先抖去菜上的浮土再清洗;洗土豆萝卜等应先削皮后清洗，这样可以减少清洗的次数。

节约用水，人人有责。只有大家都注意节水了，水荒才能远离我们而去，生活才会安定和谐，环境才会优美舒适。我们青少年朋友明白这些道理以后，不但要自己身体力行，还要做好宣传工作，告诉亲朋好友，让大家都来节水。这也是我们力所能及为社会做贡献啊。

# 2 随手关紧水龙头



有人测算，一个人洗漱时不关水龙头，每次洗漱要浪费12~18升水，一天就是几十升，一年就是十几吨水。我们应养成良好的用水习惯，随手关紧水龙头。洗漱、洗碗、洗衣、洗菜、洗澡，处处节约用水，乃是举手之劳。

例如：洗手时，应先沾湿手，然后关闭水龙头，接着涂抹洗涤液，双手搓揉后开小水冲洗。另外，用一般的手动水龙头，每月用水20吨，如果用感应节水龙头，每月可节水30%左右。所以说，改进现有水龙头，使之更科学合理，加之我们在平时养成随手关紧水龙头的好习惯，日积月累，相信我们会节省许多水资源。

# 3 避免用水跑、冒、滴、漏

随着落实科学发展观，发展循环经济，建设节约型社会意识的入耳入脑，人们渐渐明白：水资源也并非是取之不尽、用之不竭的。如果再不珍惜节约水资源，后果将会不堪设想，将会祸及子孙后代！

近些年，人们难于体会到贫水之痛，水资源的挥霍浪费、“跑冒滴漏”是家常便饭。没有人说得清这些年人们究竟浪费了多少水资源，反正那肯定是一个天文数字。一些人对节约水资源始终是不以为然的。

青少年要做节水的先锋，在家庭和学校如发现有自来水跑、冒、滴、漏的现象，要随时处理。自己不能解决的，及时报告给有关部门，防止水资源的进一步流失。同时以自身的行动带动身边的人加入到全民节水的行动中来。

# 4 用盆接水洗菜



水，虽然司空见惯，却是生命之源，一个人，即便可以几天不吃饭，却不能一天不喝水，没有了水，生命将会枯萎。

实际上，城市缺水问题早已不容回避，水是人类共有的资源，水一旦缺乏，日子将不再灿烂。但是，生活中，做到主动节水的人并不多，只有当节水意识提高之后，才能将其转化为自觉行为。下面的居家节水窍门，帮你从眼前做起。

用盆接水洗菜代替直接冲洗，每户每年约可节水 1.64 吨，同时减少等量污水排放，相应减排二氧化碳 0.74 千克。如果全国 1.8 亿户城镇家庭都这么做，那么每年可节能 5.1 万吨标准煤，减少二氧化碳排放 13.4 万吨。

虽然这看起来只是节水的一件小事，但日积月累，我们也能为节能减排做出大贡献。

# 5 洗澡时用淋浴代替盆浴



洗澡时，用淋浴代替盆浴，适当调低淋浴温度，并控制洗浴时间。根据有关统计，采用淋浴方式洗澡，每10分钟约耗费40升水，而采用盆浴，则需要180升到270升左右，按照每个人洗澡用水约20分钟算，平均用水就相差3倍。如果您要使用澡盆洗澡，水也不必满，大约1/3，最多不超过浴缸的一半，就足够用了。因此建议大家养成淋浴的习惯，不但卫生而且还节能。

淋浴还具有你意想不到的好处：预防交叉感染；二是对穴位的“按摩”。现在的冲浪浴，水从不同的方向冲向人的身体，也是对穴位的“按摩”。此外淋浴室中的喷水篷头可以被称为“天然的负离子发生器”。负离子对人体可产生多种良性效应。1. 具有祛病强身、益寿延年的功效。对心脏病、心脑血管疾患、肺气肿、神经衰弱等疾病有很好疗效。2. 具有振奋精神、恢复体力的功效，促进机体的生长发育。3. 具有加快愈合速度的作用。负离子被人体吸入后可提高机体皮肤组织的再生能力，加速伤口愈合。

为了节约用水，也为了您的健康。冲淋浴的时间最好在 15 分钟左右，这对肌肤有很大的好处，因为长时间淋水会带走肌肤表层的保护油，导致肌肤干燥。所以应避免长时间淋浴对身体造成的伤害。

# 6 洗澡时适当调低淋浴温度



低碳，是指较低（更低）的温室气体（二氧化碳为主）的排放。“低碳生活”就是低能量、低消耗、低开支的生活方式。应该鼓励选择低碳生活方式和消费方式，注意节电、节油、节气，从点滴做起。如今，这股风潮逐渐在我国一些大城市兴起，低碳生活代表着更健康、更自然、更安全，返璞归真地去进行人与自然的活动。最绿的能源，是节省下来的能源。低碳生活让地球不再叹息！

适当将淋浴温度调低 1℃，每人每次淋浴可相应减排二氧化碳 35 克。如果全国 13 亿人有 20%这么做，每年可节能 64.4 万吨标准煤，减排二氧化碳 165 万吨。

# 7 洗澡用水及时关闭



洗澡时应该及时关闭来水开关,以减少不必要的浪费。这样，每人每次可相应减排二氧化碳 98 克。如全国有 3 亿人这么做,每年可节能 210 万吨标准煤，减排二氧化碳 536 万吨。

节能减排，抗击气候变化，其实与我们的日常生活息息相关。我国 70%以上的电力来自煤炭燃烧发电，发电过程不仅造成大量污染，发电导致的二氧化碳排放和温室效应更是导致气候变化的元凶。节能可以减排二氧化碳，也就可以帮助减少减缓气候变化。你在生活中注意节能了吗？你知道每月少开一天车、少抽一根烟，少用一次性筷子、每年少浪费一斤米饭、一斤猪肉，就能减排多少二氧化碳气体吗？你知道换用节能灯来照明，调低电视机屏幕亮度，乘坐公共交通工具出行……就能节约多少度电，为气候变暖带来多大改观吗？如果你对这些还不够了解，现在就请参考本篇节能减排小常识，你不用降低生活质量，轻轻松松就能为减缓气候变化做贡献，让你家跻身环保节能型家庭。

淋浴时，站立在一个收集容器中，收集使用过的水，用于冲洗马桶或擦地。不要长时间开启喷头，应先打湿身体和头发，然后关闭喷头，并使用浴液和洗发水，最后一次清洗。使用过程中，最好使用能够分档调节出水量大小的节水龙头。



专家表明，过于频繁洗澡并不对皮肤健康有好处，每月 2~4 次最为适宜。淋浴比缸浴洗澡节省水量达八成之多。间断放水淋浴，搓洗时不要怕麻烦，及时关闭水流；盆浴后的水可洗衣、冲厕所和拖地等等。使用喷头淋浴时，掌握调节冷热水比例；不要将喷头始终地开着，更不应敞开用水。洗澡要抓紧时间，不要“顺便”洗衣物。

节约用水，贵在节约。安装节水喷头、插卡计费等装置，既能降低洗浴成本，又能达到节水目的。

# 8 慎用洗涤品,选用无磷洗衣粉



洗涤剂清洁剂多是化学产品，长期不当地使用洗涤剂清洁剂，会损伤人的神经系统，使人的智力发育受阻。洗涤剂清洁剂残留在衣服上，会刺激皮肤过敏。长期使用高浓度的洗涤剂清洁剂，会使致癌物从皮肤、口腔进入体内，损害健康。因此，请您少用洗涤剂清洁剂，多用肥皂。因为肥皂的原料来自于植物或动物脂肪，易于降解，对于水的污染小，也有益于您的健康。有一些古老陈旧的方法，如餐具油腻可用淘米水或热面汤洗；也可用苏打粉加热水来洗，既有益于环境又有益于我们的健康。

为什么要推广使用无磷洗衣粉？ 市场上销售的洗衣粉一般都使用磷酸钠作为助洗剂。洗涤后，含磷废水不断流入江河湖泊，造成蓝藻迅速生长，引起水体“富营养化”。

所谓富营养化是指水体中含有大量的磷、氮等植物生长所需的营养物质，造成藻类和其他浮游生物爆发性繁殖，水体中的溶解性氧含量下降，水质恶化，导致鱼类和其它生物大量死亡的现象。富营养化现象通常发生在湖泊、河口、海湾等水流缓慢、营养物质容易积累的封闭或半封闭性水域。水体出现富营养化时，大量繁殖的浮游生物往往会使水面呈现红色、棕色、蓝色等各种颜色。这种现象发生在海域称为“赤潮”，发生在江河湖泊中则叫“水华”。此外，富营养化水体由于亚硝酸盐和硝酸盐含量较高，人畜长期饮用，也会中毒致病。



所以说，我们在购买日常使用的清洁剂时，尽量不要选用含磷洗衣粉，应使用无磷洗衣粉或用肥皂洗衣服，不仅会减少水污染，还会对人的健康有益。爱护环境，请从我们身边的小事做起吧！

# 9 采用节能方式洗衣服



现在，节能型洗衣机受到许多人的青睐。不过，如果家里只有一台普通洗衣机的话，使用得当也能节水节电。

**窍门一：选择节能洗衣机**

买洗衣机一定要认清能效等级标识，选择高等级、节能型的洗衣机，每月至少能节省一半的水和电。也就是说，相同的用水、用电，节能型洗衣机可以多洗一倍的衣物。

**窍门二：先浸泡后洗涤**

先浸泡后洗涤。洗涤前，先将衣物在流体皂或洗衣粉溶液中浸泡 10~15 分钟，让洗涤剂与衣服上的污垢脏物起作用，然后再洗涤。这样，不仅能够使衣物洗得更加干净，而且可使洗衣机的运转时间缩短一半左右，电耗也就相应减少了一半。

**窍门三：分色洗涤，先浅后深**

分色洗涤，先浅后深。不同颜色的衣服分开洗，不仅洗得干净，而且也洗得快，比混在一起洗可缩短1/3的时间。对于一些不是很脏的衣物，少放些洗衣粉，也可以减少漂洗次数。

**窍门四：先薄后厚**

一般质地薄软的化纤、丝绸织物，四五分钟就可洗干净，而质地较厚的棉、毛织品要十来分钟才能洗净。厚薄分别洗，比混在一起洗可有效地缩短洗衣机的运转时间。

**窍门五：集中洗涤**

集中洗涤是一项非常经济有效的洗衣方法。即一桶洗涤剂连续洗几批衣物，洗衣粉可适当增添，全部洗完后再逐一漂清。这样就可省电省水，节省洗衣粉和洗衣时间。

**窍门六：合理选择洗衣机的功能开关**

洗衣机的强、中、弱3种洗涤功能，耗电量不同。一般丝绸、毛料等高档衣料，只适合弱洗；棉布、混纺、化纤、涤纶等衣料，可采用中洗；只有厚绒毯、沙发布和帆布等织物才采用强洗。

**窍门七：额定容量**

若洗涤量过少，电能白白消耗；反之，一次洗得太多，不仅会增加洗涤时间，而且会造成电机超负荷运转，既增加了电耗，又容易使电机损坏。

**窍门八：用水适量**

用水量适中，不宜过多或过少。水量太多，会增加波盘的水压，加重电机的负担，增加电耗；水量太少，又会影响洗涤时衣服的上下翻动，增加洗涤时间，使电耗增加。

**窍门九：正确掌握洗涤时间**

正确掌握洗涤时间，避免无效动作。衣服的洗净度如何，主要是与衣服的污垢程度、洗涤剂的品种和浓度有关，而同洗涤时间并不成正比。超过规定的洗涤时间，洗净度也不会有大的提高，而电能则白白耗费了。

**窍门十：采用低泡洗衣粉可省电**

优质的低泡洗衣粉有极高的去污能力，漂洗时也十分容易，一般比高泡洗衣粉可减少 1~2 次漂洗流程。

**窍门十一：先手洗后机洗**

在生活中，我们常常是因为衣服局部有污渍而需要清洗。用大量的时间清洗局部污渍不仅耗电，而且对衣服磨损较大。先用手洗的方式把局部清洗干净，再用机洗进行整体清洗，这样不仅达到保护衣服的效果而且节能。

# 10 晾衣服时自然风干



回到以前淳朴的时光，都是用自然风风干衣服的。让衣服自然风干，而不是乱糟糟的在干衣器里烘干，不止你的钱包会感激你，你的衣服也会因为自然的空气而变得新鲜。而使用烘干机不仅浪费能源，它还是释放温室气体的“元凶”之一。

衣服不仅要洗得干净，还要会晒。可对大多数人来说，只注重了衣服怎样洗，晒衣服则是随便晒。专家提醒说，服装洗好后，总的晾晒原则是：应该根据不同面料、不同颜色采取不同的晾晒方法，衣服才能保持不变形，不掉色，才会有长久的生命力。

丝绸服装：洗好后要放在阴凉通风处自然晾干，并且最好反面朝外。因为丝绸类服装耐日光性能差，所以不能在阳光下直接曝晒，否则会引起织物褪色，强度下降。颜色较深或色彩较鲜艳的服装尤其要注意这一点。另外，切忌用火烘烤丝绸服装。

纯棉、棉麻类服装：这类服装一般都可放在阳光下直接摊晒，因为这类纤维在日光下强度几乎不下降，或稍有下降，但不会变形。不过，为了避免褪色，最好反面朝外。

化纤类衣服：化纤衣服洗毕，不宜在日光下曝晒。因为腈纶纤维曝晒后易变色泛黄；锦纶、丙纶和人造纤维在日光的曝晒下纤维易老化；涤纶、维纶在日光作用下会加速纤维的光化裂解，影响面料寿命。所以，化纤类衣服以在阴凉处晾干为好。

毛料服装：洗后也要放在阴凉通风处，使其自然晾干，并且要反面朝外。因为羊毛纤维的表面为鳞片层，其外部的天然油胺薄膜赋予了羊毛纤维以柔和光泽。如果放在阳光下曝晒，表面的油胺薄膜会因高温产生氧化作用而变质，从而严重影响其外观和使用寿命。

羊毛衫、毛衣等针织衣物：为了防止该类衣服变形，可在洗涤后把它们装入网兜，挂在通风处晾干；或者在晾干时用两个衣架悬挂，以避免因悬挂过重而变形;也可以用竹竿或塑料管串起来晾晒；有条件的话，可以平铺在其它物件上晾晒。总之，要避免曝晒或烘烤。

# 11 避免使用滚筒式干衣机

从减排环保的角度讲，滚筒式干衣机不但耗电量大，不利于节能，而且使用起来也极不方便。

1. 温度高，蒸发面积小。由于衣物是堆放在一起，虽然通过滚动，但如果多放一点衣物，中间的衣物还是很难有效蒸发水份。造成干衣时间长，温度高。

2. 热效率不高。由于衣物集中在一起，衣服内部不能有效吸收热量，大部分的热量随空气排出机外。

3. 机械定时不能正确管理衣物的干湿度。由于滚筒干衣机的致命缺点是衣物堆结在一起，加上不同材质的衣物水份蒸发的速度也不同，所以对不同的衣物和不同量的衣物，干衣时间有很大的差别，很难掌握适当的时间，所以大部分的衣物要再晾晒一段时间。

# 12 尽量减少使用家用电器



随着生活水平的提高，家里的家用电器越来越多，家用电器除了安全使用外，环保健康的概念更是深入人心。因此，电脑、空调、冰箱等家用电器的绿色环保无污染并节制使用必须引起重视。

任何电器只要通上电流就有电磁辐射，大到空调、电视机、电脑、微波炉、加湿器，小到吹风机、手机、充电器甚至接线板都会产生电磁辐射。经常使用家用电器，有时电磁辐射就会滞留在灰尘中，并随着灰尘在室内空气里弥漫，很容易被人体的皮肤吸附，甚至随着呼吸道进入体内，久而久之就会对健康造成不良影响。

因此，尽量减少使用家用电器不仅节约能源，而且有利于我们的身体健康，我们的生活也会通向绿色之旅。

# 13 购买低耗节能电器

与高能耗的电器相比，能效高的节能电器仅使用二分之一到十分之一的电能即可达到同样的功能和效果。并且还有质量更高、使用寿命更长等优点。

家庭采用节能灯照明。用高品质节能灯代替白炽灯，不仅减少耗电，还能提高照明效果。同样亮度的节能灯耗电量为白炽灯的 1/4；一盏节能灯一年能节省家庭电费支出 24 元，而且节能灯的寿命一般比白炽灯长出 6~10 倍；使用节能灯，间接减少了因燃烧煤炭等化石能源发电排放的二氧化碳，有助于抗击全球变暖；使用节能灯，间接减少了因燃烧煤炭发电造成的空气污染和酸雨，为未来换得更多蓝天。以 11 瓦节能灯代替 60 瓦白炽灯、每天照明 4 小时计算，1 支节能灯 1 年可节电约 71.5 度，相应减排二氧化碳 68.6 千克。按照全国每年更换 1 亿支白炽灯的保守估计，可节电 71.5 亿度，减排二氧化碳 686 万吨。

选用节能洗衣机。节能洗衣机比普通洗衣机节电 50%、节水 60%，每台节能洗衣机每年可节能约 3.7 千克标准煤，相应减排二氧化碳 9.4 千克。如果全国每年有 10%的普通洗衣机更新为节能洗衣机，那么每年可节能约 7 万吨标准煤，减排二氧化碳 17.8 万吨。



选用节能空调。一台节能空调比普通空调每小时少耗电 0.24 度，保守估计，每年可节电 24 度。

使用节能冰箱。1 台节能冰箱比普通冰箱每年可以省电约 100 度，相应减少二氧化碳排放 100 千克。

由此可见，从电器方面开始，低碳已经逐渐进入了我们的生活。相信在不久的将来大家都能够使用到更多低耗节能电器新产品。使用环保电器除了节约有限的地球资源外，还会带给自己和家人一个良好的生活环境。在购买家电的时候想到这些，支持低碳，从现在开始吧。

# 14 节省取暖和制冷的能源

**一、取暖**

地采暖：使用地采暖作为采暖终端的用户，在每个采暖期启用前，应打开分水器供水管道上的过滤器，清除杂物。采用每小时升温 1℃的方法逐渐升温，不要一次性把温度调到最高，否则容易造成管道和地板的损坏。家庭使用地采暖，地板表面温度以 28℃左右为宜。无人居住时，可以将地采暖设置在低温运行，防止管材冻裂。

在有地采暖的室内摆放家具、放置物品时，最好保持距地面 5cm 以上的空间，以便热量能够向上散发。

要合理的使用温控器。很多温控器可以实现每天分时段、分房间的控制房间温度的功能。用户可以根据居室的使用习惯，在房间无人的时间段内设置为低温，而在用户停留的时间段内设置为舒适温度。这样，既保证了系统的节能性，还能保证室内的温暖。

暖气片：如果您使用的是暖气片作为采暖终端，那么暖气片的正面一米内范围内最好别放置物品。遇到阴雨天气，不少用户喜欢在暖气片上晾晒衣物，或是用过长的窗帘遮盖住暖气片，有的还在暖气前摆放家具，这样都会影响暖气片的散热效果。因此，为了不防碍暖气片均匀释放热量，暖气片正面 1 米内最好不要放置物品。



当室温低于 0℃时，长期不采暖房间的暖气片不能完全关闭所有阀门，防止暖气片或管道破裂。

另外，室内温度最好不要与户外温度相差过大，一般室温保持到 18℃左右即可。因为室温每升高 1℃，系统的耗能将增大 10%左右。而且温差过大，人容易感冒，对健康也不利。

**二、制冷**

合理和有效的使用才能让空调在日常生活中发挥其最大的产品性能和节能效果。下面就是空调制冷节能的小窍门：1. 选用节能空调省电每天做到。2. 空调调高一度。3. 提前换气少开门窗。4. 选择适宜的出风角度。5. 定期清扫滤清器。6. 安装外机避开阳光。

# 15 采用节能的健身方式

低碳、环保、健康、时尚的健身方式，不仅能锻炼人的体魄和耐力，而且陶冶人的心灵和性情，激发人们热爱自然、热爱生活的美好情感。

1. 优先选择节能的健身场所和方式，如健步走、瑜伽等等，尽量减少进入非节能健身场所的次数，如夏季滑冰场、夏季滑雪场等等。

2. 假如所住楼房的楼梯通风采光状况良好，安全设施齐备，可以每天做“爬梯运动”，在节电的同时，健身、健心、健性情一次完成。

3. 手洗轻便的衣服，也是一种很好的运动。以站桩的姿势在洗衣池前站定，既锻炼脚力，又可使经常处于紧张状态的腰部和背部放松。双手同时搓洗衣服，节水节电的同时锻炼了手指灵活性和左右脑的协调能力。

4. 骑自行车。忙碌的生活之余，骑上一辆舒适心仪的运动自行车，到处骑骑看看，既可以锻炼身体，又可以欣赏路边的风景，同时获得骑行带给你的快乐，真是一件节能环保低碳的绿色出行方式！别犹豫了，骑车走吧！

5. 脚踏发电，节能健身。人们在使用脚踏式自行车锻炼身体的同时踩动脚踏板可产生电能，提供给普通照明和电视机等家电，也可通过蓄电池储存备用。

6. 户外徒步是最好的健身方式。每天徒步上下班就是一种绿色的出行方式，就是低碳生活。不仅锻炼了身体，也宣传了绿色出行的理念。户外生活亲近自然、放松心情，易实现、成本低、低耗能，正受到越来越多“低碳族”的认可与喜爱。我们有责任去约束自己，使生活习惯更加健康。

7. 游泳——夏季最好的健身方式。游泳更多的好处是，随着现代人工作方式的改变，坐办公室的人多了，而且要长时间面对电脑工作，使得颈椎和腰椎毛病多了。很多康复和骨科专家都认为，游泳是最好的防治颈、腰椎疾病的运动。而且无需借助任何器材就可以进行的，无需对环境造成任何影响。

# 16 饮水机不用时关掉电源

说起家电节能，人们自然会想起冰箱、空调等耗电大户，饮水机的能耗问题却常常被人忽略。有专家提醒消费者，饮水机也属于耗电量大的家电之一，部分饮水机的耗电量甚至比冰箱还大。据了解，一台功率为 600 瓦的冷热两用饮水机，将 1 桶水加热完毕后，让其处于保温——加热——保温这种连续的工作状态 24 小时，耗电 1.5~1.7 度。这样算下来，仅一个家庭用饮水机一年的碳排放就将近 460 千克。

现在，很少有人在购买饮水机时考虑到节能问题。人们在选购饮水机时，只要觉得款式、价格合适就行，从来也没考虑过耗电量问题。有关专家说，饮水机的确可以算是一个能耗大户。消费者平常不使用饮水机时，应该将电源关闭节约用电。

和大多数家庭一样，小李同学家日常饮水都依靠饮水机。入冬以来，为了随时能喝上热水，他家饮水机的加热功能一直打开，每隔一会儿就自动加热一次，直到一次和一位电器销售员聊天，他才改变了这个习惯。

“我以前一直不知道，饮水机这个隐藏在客厅角落里的家伙原来是个‘电老虎’，现在我再也不敢那样烧了，只要不用的时候我就把它断电。”现在，小李同学家的饮水机只在早晨7：00~7：30，晚上19：00~21：30打开。如果是周末，就在每次想要泡茶喝水之前打开，用完马上关掉。这样算下来，每天只打开饮水机3个小时左右，相比以前24小时加热，可以节电80%以上。同样，也减少因饮水机而产生的二氧化碳排放80%以上。

# 17 充电完成后拔下充电器



你是否有这样的充电习惯，将充电器往电源上一插，然后就跑出去打球？或者晚上回家一充电，就忘记了这回事，呼呼大睡到第二天才起床将充电器拔掉？这样做其实既不环保，又会损害电池寿命，如果碰上劣质山寨电池，还有引起爆炸的危险。从今天开始养成好习惯，充电最多 4 小时，就将充电器拔掉吧。

## 充电过量极不环保

在中国，手机过量充电的情况非常常见。据调查，生活中的多数人都没有“充满电即拔出充电器”的习惯。不少人习惯于晚上回家将充电器一插入电源，然后就洗澡、吃饭直至呼呼蒙头大睡至第二天，才将充电器拔出。这种情况在青少年中最为常见，由于目前中国手机用户已经超过 6.3 亿，这意味着数亿台手机如果每天都过量充电，那就等于每天排出大量的二氧化碳，并浪费庞大的电量。

## 充电 4 小时足矣

手机过量充电不仅仅是浪费能源的问题，实际上还跟我们的日常生活安全息息相关。据了解，手机电池充满电之后，如果不拔电源，充电器本身还会继续工作，而且手机电池也会发热。这不但会继续损耗能量，而且加快手机电池的老化，甚至一些伪劣电池可能因此而爆炸。



普通手机只需 2~3 小时就能充满电，过量充电会缩短电池使用寿命。电池充满后应即刻拔下充电器，这不仅有利于延长电池使用寿命，也有利于节约支出。专家建议，用户每次给手机充电 4 小时，并购买环保充电器，一旦电池充满就会停止充电。

## 为何不该给手机过量充电？

手机电池充电包括降阻、降压和整流三个环节。降阻实际上就是储存能量的过程。手机工作时电池流出能量，电池电阻增加直至显示没电，而充电是通过外界交流电流入手机电池，使电池内部电阻降低，同时储存能量。

此外，充电器内的铁芯会在工作中发热、轻微振动和释放电磁波。因此，过量充电不仅仅会造成巨大的能源浪费和环保危害，即使对于手机安全乃至个人安全也构成危险。

# 18 家庭照明改用节能灯

随着环保意识的增强，如今的居家也开始提倡“绿色照明”，人们开始从切身出发响应节能号召。“绿色照明”指通过科学的照明设计，采用效率高、寿命长、安全和性能稳定的照明电器产品，改善提高人们工作、学习、生活的条件和质量。但是如果设计不好，优质的照明器材也不能发挥最有效的作用。

**注意灯泡功率的选择**

低碳减排总是从最基本的要素入手。灯泡是家庭常用的电光源，其功率选择是否适当直接关系到照明效果。

首先，要考虑居室空间和照明效果的关系。柔和、明亮的灯光，有赖于灯罩与灯泡的配合。灯泡光亮度的强弱，会影响人的视觉效果、视力保护和身心健康。

其次考虑到居室空间与照明光亮度。灯泡功率过大浪费电能，易发热，有可能引发各类事故；可选择功率过小，又达不到较佳的照明效果。可参照以下标准：15~18 平方米照明用灯光在 60~80 瓦；30~40 平方米在 100~150 瓦；40~50 平方米在 220~280 瓦；60~70 平方米在 300~350 瓦；75~80 平方米在 400~450 瓦。

通常卫生间的照明每平方米 2 瓦就可以了；餐厅和厨房每平方米 4 瓦足够了，而书房和客厅要大些，每平方米需 8 瓦；在写字台和床头柜上的台灯可用 15 至 60 瓦的灯泡，最好不要超过 60 瓦。



**节能灯推广的作用和意义**

如果城镇家庭每户每天节约一度电，全国所有家庭一年可节约的电相当于 4.5 个葛洲坝全年总发电量，相当于 0.76 个三峡的全年总发电量。

节电给我们带来的不仅仅是减少了一些生活费用，最重要的是同时还节省能源减少污染。为了我们的环境，我们青少年从小就要养成节约能源的美德。节电不仅是节俭，还是环境保护的潮流，绿色文明的时尚。

# 19 随手关灯

“随手关灯”这样一件小事，其中蕴含着除节约以外的多层意义。我们常常看到一些写字楼里通宵达旦的“长明灯”、机关办公室中的“无人灯”、室外走廊上的“无主灯”、电脑桌上的“电不关”……如果这些长时间“亮而无效”、“亮而无用”的灯，能够被我们习惯地“随手关灯”，就等于给水渠堵住千千万万渗漏的暗洞，就好像给渠道内加注涓涓细流，使每一滴水都能够用到最需要的干渴禾苗身上。当“随手关灯”，变成你我他千千万万人们的行为习惯时，其发生的巨大节能意义、社会管理意义是可想而知的。

问题是，我们还远远没有把“随手关灯”这样的“生活细枝末节”当成一回事，而因为那些大大咧咧的浪费行为指挥左右着我们的双手，常常把“灯光开亮点”、“空调打低点”、

“声音放大点”不当回事，让大量电能在浪费习惯中作着“无用功”，被日复一日地白白消耗掉！

让“随手关灯”成为习惯，不仅仅是在节约电能，还是在节省有限的地球资源，还是在升华自我的品格，更是在践行着“帮助别人，尊重劳动”的人间大爱！无论是我们经常倡导节俭生活，不铺张浪费也好；助人为乐，珍爱他人也罢，不妨就从小小的“随手关灯”开始，让此类小举动、小事情渐渐地成为习惯，大爱也就无声无息地慢慢生成于期间了！



中华民族历来以节约为美德。随手关灯，是件非常细微的小事，也许这样做的人可能都没有意识到，做这件小事时就已经体现出节约的美德。古人云：“毋以恶小而为之，毋以善小而不为”，关灯事情虽小，但聚沙成塔，集腋成裘，如果每个人都能养成在离开办公场所时顺手关灯的良好习惯，那么一年下来不知能省下多少电。

节约电就是节约钱，恐怕没有一个人家里的灯是长明灯。恐怕没有人上班去了，家里的灯还开着，或者晚上开灯睡觉。这在普通百姓家里都是不能容忍的。但是在单位里，人们对于不关显示器的电脑、24 小时待命的厕所灯，就显得过分“宽容”了。其实同样道理，浪费办公室里的电也是浪费钱，还不仅仅是浪费钱那样简单，这同样是在浪费人类的生存资源。如果我们再不注意节约用电，无度的挥霍只能让人类的生存陷入更为尴尬的境地。

我们大多数人每天都能享受到电带来的便利，我们夜晚的活动几乎都离不开电灯的照明。你可能认为关一盏灯节约不了多少电，可是如果我们大家都随时注意这一点，节电的效益就很可观了。

随手关灯，就是环保，环保是举手之劳，环保就在你我身边。

# 20 及时拔下家用电器插头



许多人喜欢让家中的各种电器长时间处于待机状态，以方便使用。这样做的直接后果是让这些家庭每月支付数额不小的“冤枉电费”。新近的研究成果显示，长期处于待机状态的家用电器不仅会耗费可观的电能，而且其释放出的二氧化碳还会对环境造成不同程度的影响。在众多家电中，电脑显示器、打印机、电视机和微波炉等在待机状态下耗电量较大。为此，有关专家建议人们在不用电器设备的时候，将它们彻底关掉。

对于我们常用的家用电器，节能专家还给出了如下建议：

**一、电冰箱**

1. 宜放在通风干燥的地方，千万不要靠近热源。

2. 尽量减少开门次数，缩短存储时间。

3. 热食品应冷却到接近室温后再放入冰箱。箱内食品放置量约为冰箱容积的80%为宜。

4. 同类食品分成小包装存放。

5. 非自动除霜的冰箱，当蒸发器上的霜层达4~6mm时，应及时除霜。

6. 冷冻的食品食用前可预先放在冷藏室内慢慢解冻，这样可以把解冻的冷量利用起来。

7. 冰箱内贮存食品过少时，由于热容量变小，压缩机开停时间缩短，造成冰箱累计耗电量增加。所以食品过少时，可用几只塑料盒盛水放进冷冻室内冻成冰块，然后定期放入冷藏室内。

8. 冷凝器、散热管上的灰尘要及时清除。

**二、洗衣机**

1. 将脏衣物先浸泡20分钟左右，再放入机内洗涤。

2. 尽量缩短洗衣时间。

3. 机器有强、中、弱三挡，其耗电量逐挡减少。一般使用中、弱两挡，只有洗绒毯、沙发布、帆布时才用强挡。

4. 采用集中洗涤方法。即一桶洗涤剂连续洗几批衣物。先洗浅色，后洗深色，洗衣粉可适当增添，全部洗完后再逐一漂清。

5. 带动波轮的皮带打滑时，要及时收紧。

**三、电饭锅**

1. 煮米饭时，当煮开一段时间后，用手轻轻抬按键，使其跳开，利用余热让米将水吸干，再按下按键，饭熟后就会自动跳开。

2. 锅上盖一条毛巾，可减少热量损失。

3. 锅用完后要及时拔下插头，不然锅内温度下降到 70℃以下时会连续自动通电。

**四、其它电器**

1. 电风扇耗电量与扇叶转速成正比，尽量使用中、慢挡。

2. 电熨斗应选购调温型，这种熨斗既升温快，达到使用要求后又会自动断电。熨烫衣物时，在通电初始阶段先熨耐温较低的，待温度升高后，再熨烫耐温较高的，断电后，再熨一部分耐温较低的。

3. 用电烤箱烤制食品应一气呵成。

4. 电水壶内电热管上的水垢应及时清除。

5. 冬季使用电暖器取暖的房间应尽量密闭，室温达到要求后，要及时关闭电源。

# 21 使用传统的发条闹钟

使用传统的发条式闹钟替代电子钟，每天可减少大约48克的碳排放量。

家中电子闹钟需要使用不少的电池，而用过的电池会给环境造成不利影响。对此有专家指出：用发条闹钟取代电子闹钟日积月累就能节省下来不少电池。这个办法一举多得，发条闹钟只要花十几块钱就能买一个，既省下了电池钱又节约了资源。

电池已成为人类社会不可缺少的能源。随着家用电器和电子、广播、电视音响、通讯、影像设备和器材的日益普及，电池的需求量日益增长。如1947年，全世界电池的销售仅5亿美元，80年代初增长到100亿美元，而现在则高达300亿美元，而且增长速度不减。电池以其独立、便于携带，给社会各方面都带来了很大的便利，可是由于技术和电池自身的条件约束，还没有一种电池是可以永久使用的，于是就出现了大量的废旧电池。这些废旧电池开始总是随意抛弃，现在随着各类电池使用量的增加，废旧电池的废弃给环境带来了严重的污染，已引起各有关方面的密切关注。

我国是干电池的生产消费大国，一年的产量达 150 亿只，居世界第一位，消费量为 70 亿只，平均每个中国人一年要消费 5 只干电池。长期以来，我国在生产干电池时，要加入一种有毒的物质汞或汞的化合物。我国的碱性干电池中的汞含量达 1~5%，中性干电池为 0.025%，全国每年用于生产干电池的汞就达几十吨之多。汞就是我们俗称的水银。汞和汞的化合物是有毒的，科学家发现汞具有明显的神经毒性，此外对内分泌系统、免疫系统等也有不良影响。20 世纪 50 年代发生在日本的震惊世界的公害水俣病就是由于汞污染造成的。因此，减少电池的使用量不仅利于保护环境，也同时减少了对大气的碳排放量。

# 22 电脑以待机代替屏幕保护



电脑待机比屏幕保护省电，屏保一段时间后如无操作一般关闭硬盘后进入待机状态。其实出去时让电脑进入休眠状态比较省电的，最好是关机。

待机模式定义：当系统进入此模式时，允许系统及应用程序将执行状态储存于内存（RAM）当中，此时电脑仅使用少量的电源来维持系统数据的记忆状态；可按一键即可回复执行状态。

屏幕保护越简单的越好，最好是不设置屏幕保护，运行庞大复杂的屏幕保护可能会比你正常运行时更加耗电。可以把屏幕保护设为“无”，然后在电源使用方案里面设置关闭显示器的时间，直接关显示器比起任何屏幕保护都要省电。不用电脑时以待机代替屏幕保护，每台台式机每年可省电6.3度，相应减排二氧化碳 6 千克；每台笔记本电脑每年可省电 1.5 度，相应减排二氧化碳 1.4 千克。

系统待机就是让你的电脑在不动鼠标及键盘时自动进入睡眠状态，只要动一下鼠标或者键盘就重新进入了工作状态。

进入屏幕保护时所有的程序都还在运行，屏幕保护也是个小程序。而进入待机则不同了，通过切断不处于使用状态的硬件设备的电力供应，待机模式可以减少计算机的电力消耗。待机状态可以切断一些外部设备（例如：显示器和硬盘）的电力供应，但是仍然会为内存供电，所以工作成果并不会丢失。可以用手动或自动方式将计算机转入待机状态。自动待机是通过计算机上的电源方案设置来实现的。如果您的计算机的空闲时间达到一定长度之后，它便会自动进入省电的待机模式。手动将计算机转入待机模式需要您指定一个操作，当您执行该操作时，计算机便会进入待机模式，这个操作可以是：合上机盖、按下电源按钮或者按下睡眠按钮。此外，您还可以通过点击“开始”按钮，选择“关闭 Windows”，然后从下拉列表中选择“待机”。为了最好地管理电脑电力，您应该从自动和手动两方面对待机模式进行设定。

# 23 调低电脑屏幕亮度

“低碳生活”可以从现在开始做起：其实只要调低显示器亮度，每台电脑每年就可以节电 30 度，这相当于减排二氧化碳 24 千克；调低电脑屏幕亮度，在不用电脑的时候待机，这些平常想不到的小事，其实也是减少二氧化碳排放的办法。这两种低碳生活方式只要平时注意，是每个人都能做得到的。

屏幕太亮不仅对眼睛不好，而且更费电。如果对全国保有的 7700 万台电脑都采取待机取代屏保的做法，每年可省电 4.5 亿度，减排二氧化碳 43 万吨。如果全国保有的约 4000 万台 CRT 屏幕都被液晶屏幕代替，每年可节电约 8 亿度，减排二氧化碳 76.9 万吨。我们一个人的作用虽然微小，但如果这些成为每个电脑使用者的习惯，我们为环保做出的贡献将不能被小视！

# 24 合理使用空调



**一、妙用空调节能**

1. 使用空调时要关闭门窗，同时不要将空调恒温器调至最冷。检查室外机遮篷，如属多余，请拆除。电源电压值低于190伏，那么你的空调就会只用电而不制冷了。安装空调时尽量选择背阴的房间或房间的背阴面，避免阳光直接照射在空调器上。2. 专家提醒，长时间离开房间要关空调，空调开机时耗电量较大，应避免频繁开关机，空气滤网每年至少清洗一次。

**二、夏季合理使用空调三步骤**

1. 夏季空调温度在国家提倡的基础上调高 1℃

炎热的夏季，空调能带给人清凉的感觉。不过，空调是耗电量较大的电器，设定的温度越低，消耗能源越多。其实，通过改穿长袖为穿短袖、改穿西服为穿便装、改扎领带为扎松领，适当调高空调温度，并不影响舒适度，还可以节能减排。如果每台空调在国家提倡的 26℃基础上调高 1℃，每年可节电 22 度，相应减排二氧化碳 21 千克。如果对全国 1.5 亿台空调都采取这一措施，那么每年可节电约 33 亿度，减排二氧化碳 317 万吨。

2. 选用节能空调

一台节能空调比普通空调每小时少耗电 0.24 度，按全年使用 100 小时的保守估计，可节电 24 度，相应减排二氧化碳 23 千克。如果全国每年 10%的空调更新为节能空调，那么可节电约 3.6 亿度，减排二氧化碳 35 万吨。

3. 出门提前几分钟关空调

空调房间的温度并不会因为空调关闭而马上升高。出门前 3 分钟关空调，按每台每年可节电约 5 度的保守估计，相应减排二氧化碳 4.8 千克。如果对全国 1.5 亿台空调都采取这一措施，那么每年可节电约 7.5 亿度，减排二氧化碳 72 万吨。

# 25 使用无氟冰箱

科学家近年发现，制冷工业广泛使用以及泄漏的氟利昂造成大气臭氧层空洞性损害。氯氟烃类物质破坏了臭氧层，氯氟烃中的氯原子会夺去臭氧中的一个氧原子，让它变成普通的氧分子，而普通氧是没有阻挡紫外线功能的。超量紫外线会危害人类健康。如视力减弱、白内障、皮肤癌等患者增多，生态平衡受到破坏等等。

氯氟烃是致冷剂，已经使用了 60 多年，在大气中已积存了不少，对臭氧层的破坏作用越来越明显。随着现代化的发展，冰箱将更多地进入寻常百姓家，氯氟烃的用量也将增长，对臭氧层的威胁会越来越大。如果对氯氟烃的使用不加限制，有关人员估计，到 2050 年，70%的臭氧层将被破坏。

为了保护臭氧层，不用氟利昂做致冷剂的冰箱出现了，这就是无氟冰箱。为此，1987 年联合国组织各国签订的《蒙特利尔议定书》宣布氟利昂为受控物质，最迟 2000 年停止使用，随着氟利昂危害的日趋严重，国际社会决定将停用氟利昂的时间提前至 1996 年。无氟制冷技术是国际制冷行业的势在必行的流行趋势。我国是《蒙》的缔约国之一，所以，无论从履行国际公约上讲，还是从有利身体健康上看，选购无氟电冰箱是一步到位的最佳选择。

# 26 尽量少用电梯



环保不仅是政治家、企业家的事，也事关我们每一个普通人。有时，需要的仅仅是改变一下你的习惯而已。

随着经济的快速发展，城市里的高楼大厦鳞次栉比，电梯成了我们工作和生活中离不开的伙伴。摩天大厦，当然不能靠步行走着上去。但是去较低的楼层，步行还是益处很多，不仅节电，而且活动了身体；有益节能，更有益经常坐在电脑旁工作的人们。有数据显示：目前全国电梯年耗电量约 300 亿度，通过较低楼层改走楼梯、多台电梯在不繁忙时间只部分开启等行动大约可减少 10%的电梯用电。如此，每台电梯每年可节电 5000 度，相应减排二氧化碳 4.8 吨。如果全国有 60 万台左右的电梯采取此类措施，每年可节电 30 亿度，相当于减排二氧化碳 288 万吨。

经常爬楼梯的人比乘电梯的人心脏病发病要少 1/4，每天上下六层楼 3~5 次，比那些不运动的人死亡率低 1/3。甚至有的健身专家推论爬楼梯的人每 30 年可延长生命一年。因此，对于保持健康长寿来说，爬楼梯是较好的选择之一。每天爬楼梯不但能增强心肺功能，而且能增强肌肉与关节的力量，还能提高髋、膝、踝关节的灵活性。这是由于爬楼梯时加强了心肌的收缩，加快了血液循环，促进了身体的新陈代谢。另外，静脉血液回流的加快，可以有效防止心肌疲劳和静脉曲张。爬楼梯时腰部、臀部、大腿部都用力较大，从而使这些部位的脂肪消耗加快，有利于减肥。

爬楼梯锻炼，无论男女老幼都可进行，但要根据自己的身体健康状况和具体的生活条件，选择适合自己的爬楼梯锻炼方式。比如青少年体质好者可一步两个楼梯快速上爬，老年人则不可求快，要慢步上爬。青少年可连跳带蹦，老年人应平和自如，以锻炼后身体没有不良反应为度。爬楼梯也要注意技术，上楼时上体微前倾、屈膝抬腿，前脚掌落在台阶中部，落稳后随即蹬伸支撑腿向上迈步；下楼时身体略向后仰、肌肉放松，前脚掌交替落在台阶中部。

# 27 如何使用打印机更环保



我们熟知纸张的使用对环境带来的负面影响。信息时代的到来给了人们一个希望，那就是信息传递可以完全电子化，从而降低甚至消除对纸张的需求。然而，现实并不是那么美妙，因为研究表明随着计算机和打印机的普及，世界对纸的消耗量反而增长了。

让人们完全不用纸是不可能的。但我们可以改进一下用纸方式，节省纸张的使用。下面是关于用打印机打印的一些环保建议：

1. 在打印前，先用一般软件都有的预览功能，看看有没有几乎空白的页。如果有，你可以调节一下页边的空白，消灭空页。

2. 只打印你需要的页。有些文档有几百页，而你可能只对其中十几页感兴趣。如果不小心，你可能会把整个文档都打印了出来。一般软件都有让你精确选择要打印的页码的功能，要利用好它。

3. 每页纸上打多页，如打双面，或是在纸的一面上打双页。在眼睛允许的前提下，尽量用小字体。

4. 不使用打印机时将其断电，每台每年可省电 10 度，相应减排二氧化碳 9.6 千克。如果对全国保有的约 3000 万台打印机都采取这一措施，那么全国每年可节电约 3 亿度，减排二氧化碳 28.8 万吨。

些建议中的方法，一个人做起来，可能后果不起眼，但如果千千万万人一起做起来，我们就会节省许多纸张和能源，从而为环保做出贡献。

# 28 双面使用纸张

双面使用纸张，可以节约纸张，减少木材的使用量，无形之中就可以利用树木的光合作用，减少二氧化碳的排放，减轻温室效应！另外，造纸工业需要燃烧煤等燃料，也会造成温室效应，减少纸张的使用，当然也就减少了煤的燃烧，减轻温室效应！

据先前一些所谓的“后工业社会”的预言家们预言，电脑的使用将把纸张打发进历史的陈列馆。但事实正好与预言相反，纸张用量有增无减。

当然，纸张是可以再生的，但是废纸的再生过程也会产生大量的有害废弃物。印刷用纸要回收再制，都必须经过一道脱墨手续，产生两大产品：一边是不含油墨、可以用来制纸的纤维，另一边则是大量的淤泥。再生纸通过一系列的使用而有所变化，从高质量的粘合纸到新闻纸到板箱纸，及至最后用作堆肥或在同一生产厂内作燃料。在这一过程中，纸张的物质性能是递减的。

我们知道，延长物品的使用寿命，可以降低资源流动的速度。将产品的使用寿命延长一倍，相当于减少了一半的废物。双面使用纸张，使纸张的使用量减少一半，当然也就减少了一半的废纸产出。



青少年正处于学习阶段，每天的用纸量都很大，也许有的同学认为这是再小不过的一件事情了而不以为然。我们经常可以看到，大家用过一面的纸，就轻易丢了，甚至只用了半面，就给扔掉了，这是不理智的。人人都说自己的力量小，可是大家的力量是大的呀！如果人人节省一面纸，全世界 60 亿人口就可以节省 30 亿张纸，这是多么惊人的数字！环保从我做起，如果您认为这么做可行，您就坚持吧！

# 29 用手帕代替纸巾

“丢，丢，丢手绢，轻轻地放在小朋友的后面……”，这首耳熟能详的童谣总能唤起上世纪六七十年代人的童年记忆。然而，随着我国“一次性”消费文化的发展，手帕——这种曾经作为我们的生活中重要的个人清洁工具现在却真的被我们“丢”了，取而代之的是使用起来更为便捷的纸巾。可实际上，在这看似便捷的“一次性”使用背后却是对地球环境的严重破坏。

据统计，生产 1 吨纸大约需要耗费 17 棵生长 10 年的树木，而在生产纸浆过程中排放出的污水也会对水环境造成严重污染。因此，过量使用纸巾就相当于我们在不停地砍伐树木，污染水环境。长此以往，不仅消耗了地球上有限的资源，而且还破坏了我们赖以生存的生态环境。如今，在欧美、日本等发达国家，许多人已经认识到了这一点，更多的人开始使用精致、实用的手帕，用手帕，已经成了显示人们环保意识、讲究生活质量、追求个人品味的生活习惯和个人基本素质的标志。

手帕与纸巾——环保与方便？方便自己的同时我们是否考虑到我们可能会给我们的后代带来不方便，谚语云：“给人方便就是给自己方便。”不可否认纸巾相对手帕有其方便的地方，就如同塑料袋的作用，但我们一定不能忽视其带来的危害。我们不想极端到完全抵制甚至封杀，但我们至少可以呼吁尽量少用纸巾，特别是减少免费提供纸巾的场所。人手一块手帕，体现一种环保生活态度的同时也尽量少用纸巾，并且可以影响周围的人。近日，中国工程院院士、中华医学会会长钟南山向社会大众呼吁：“为了环保与健康，广用手帕，少用纸巾，促进人类与自然的和谐”。

重拾手帕——大环保，小行动；影响你，改变他。

# 30 使用再生纸



再生纸是一种以废纸为原料，经过分选、净化、打浆、抄造等十几道工序生产出来的纸张，它并不影响办公、学习的正常使用，并且有利于保护视力健康。在全世界日益提倡环保思想的今天，使用再生纸是一个深得人心的举措。

再生纸原料的80%来源于回收的废纸，因而被誉为低能耗、轻污染的环保型用纸。城市废纸多种多样，以不同类别的废纸为原料再制成不同的再生复印纸、再生包装纸等。一般可以分为两大类：一类是挂面板纸、卫生纸等低级纸张；另一类是书报杂志、复印纸、打印纸、明信片和练习本等用纸。

目前，许多国家已经生产和使用这两类纸张。其中，生产再生复印纸的原料就是办公用纸、胶版书刊及装订用纸等几类原本纸质就相对较好的城市废纸，其生产过程要经过筛选、除尘、过滤、净化等工序，工艺和科技的含量很高。随着人们环保意识的增强，再生纸制品越来越得到人们的认可和欢迎。

我国是纸张消费大国，据专家估计，到 2010 年我国将成为第一大纸消费国，年需求量将达 1 亿吨以上。我国的造纸业面临着纸浆供应严重不足的情况，每年都需要大量进口。如果能够将这些用过的废纸合理的回收、有效的利用起来，少用原木浆，进行再生纸的生产，那么不仅能缓解纸浆供应不足的压力，同时也保护了我们原生态的森林资源。森林资源是有限的，它并不是一个掏不空的聚宝盆。利用废纸生产再生纸却是一个可以循环的过程。我们青少年要用行动倡导使用再生纸，让使用再生纸成为生活中的好习惯。

# 31 少用贺年卡



“这是个美丽的小村庄，山上的森林郁郁葱葱，村前河水清澈见底，天空湛蓝深远，空气清新甜润；谁家想盖房，谁家想造犁，就拎起斧头到山上去，把树木一棵一棵砍下来。树木变成了一栋栋房子，变成了各式各样的工具，变成了应有尽有的家具。一年年，一代代，山坡上的树木不断减少，裸露的土地不断扩大……最后，大雨之后，河水暴涨，小村庄被水卷走，无声无息地消失了。”

这是个令人感动而又震撼的故事。现在，大多数的资源不断流失，风沙越来越大，这都是因为人类的破坏而造成的。尽管如此，人类还是不断的浪费资源，看见水龙头的水滴到水沟里，也不去把它关掉，宁愿一滴滴干净的水流到水沟里。

贺卡作为一种文化现象由来已久，流传至今依然魅力不减，足以表明有其存在的合理性。其实，不止是元旦春节，每逢重大节庆日，贺卡作为传递祝福的一种重要载体，都会及时出现。

随着近年来全球环保意识的增强，贺卡在带给人们欢愉的同时，因其衍生的生态灾害也令人触目惊心。有数据显示，一张普通贺卡要消耗 10 克优质纸张，每 10 万张贺卡为一吨，合 5.5 立方米木材；每 4000 张贺卡就合一棵大树，还要耗电 1000 度，排废水 300 吨。按国人每年每人消费两张贺卡计算，相当于每年要砍掉 60 万棵大树。



全国十几亿人，要是每人每年少用一张明信片，那能使多少棵大树免遭砍伐？

其实，我们可以利用现代通讯工具传递祝福，既快捷又经济，亲戚朋友之间发个手机短信，有一角钱就够了；上网发个 E-mail 甚至可以不花钱。这样好的通讯工具现在还有人不习惯使用，而且我国的手机数量、网络用户增长空间还很大。

少寄一张贺卡，多份“绿色”祝福，愿大家一起行动。

# 32 不制造影响他人的噪音



按照国家标准规定，住宅区的噪音，白天不能超过 50 分贝，夜间应低于 45 分贝，若超过这个标准，便会对人体产生危害。

**噪音的危害**

1.强的噪声可以引起耳部的不适，如耳鸣、耳痛、听力损伤。据测定，超过 115 分贝的噪声还会造成耳聋。据临床医学统计，若在 80 分贝以上噪音环境中生活，造成耳聋者可达 50%。

2.使工作效率降低。研究发现，噪声超过 85 分贝，会使人感到心烦意乱，人们会感觉到吵闹，因而无法专心地工作，结果会导致工作效率降低。

3. 损害心血管。噪声是心血管疾病的危险因子，噪声会加速心脏衰老，增加心肌梗塞发病率。

4. 噪声还可以引起如神经系统功能紊乱、精神障碍、内分泌紊乱甚至事故率升高。高噪声的工作环境，可使人出现头晕、头痛、失眠、多梦、全身乏力、记忆力减退以及恐惧、易怒、自卑甚至精神错乱。在日本，曾有过因为受不了火车噪声的刺激而精神错乱最后自杀的例子。

5. 干扰休息和睡眠。休息和睡眠是人们消除疲劳、恢复体力和维持健康的必要 条件。但噪声使人不得安宁，难以休息和入睡。当人辗转不能入睡时，便会心态紧张，呼吸急促，脉搏跳动加剧，大脑兴奋不止，第二天就会感到疲倦，或四肢无力。从而影响到工作和学习，久而久之，就会得神经衰弱症，表现为失眠、耳鸣、疲劳。



**室内噪声的主要来源**

1. 交通运输噪声。城市交通业日趋发达，给人们工作和生活带来了便捷和舒适，同时也促进了经济的发展。但不能不看到，随着城乡车辆的增加，公路和铁路交通干线的增多，机车和机动车辆的噪声已成了交通噪声的元凶，占城市噪声的75%。

2. 工业机械噪声。这也是室内噪声污染的主要来源。由于各种动力机、工作机 做功时产生的撞击、摩擦、喷射以及振动，可产生七八十分贝以上的声响。这些声响，像纺织车间、锻压车间、粉碎车间和钢厂、水泥厂、气泵房、水泵房都比较严重，虽然都做了一定程度的降噪处理，但仍然不能从根本上消除机器本身所产生的噪声。

3. 城市建筑噪声。特别是近年来城市建设迅速发展，道路建设、基础设施建设、城市建筑开发、旧城区改造，还有百姓家庭的室内装修，都造成了城市建筑噪声，建筑施工现场噪声一般在 90 分贝以上，最高达到 130 分贝。

4. 社会生活和公共场所噪声。比如公共场所的商业噪声、餐厅、公共汽车、旅客列车、人群集会、高音喇叭等。据统计，社会生活和公共场所噪声占城市噪声的 14.4%。

5. 家用电器直接造成室内噪声污染。随着人们生活现代化的发展，家庭中家用电器的噪声对人们的危害越来越大。据检测，家庭中电视机、收录机所产生的噪音可达 60~80 分贝，洗衣机为 42~70 分贝，电冰箱为 34~50 分贝。近几年家庭卡拉 OK 机广泛流行，有些人不顾他人的幸福，沉醉于自我的享受之中，这无形中又增加了噪声的污染强度。

要想降低噪音就要多种树，添加隔音墙，在市区内少鸣笛，把工厂建到郊区。让我们携起手来杜绝噪音，创造一个安静的生活环境。我们可以想象得到，没有噪音污染是多么美好的呀！每一天，人们都在安静舒适的环境中工作；学生都在学校里安静地学习，摆脱了噪音的烦恼……这样就能提高我们的生活质量，促进我们的身心健康，特别是我们少年儿童，就能在良好的环境中，接受阳光雨露的哺育，更加茁壮地成长！

# 33 市内驾车莫鸣笛

违法鸣笛已成为一个突出的交通问题，它对城市环境以及市民生活产生了消极的影响。据有关专家表示，随着城市机动车保有量的逐年增加，鸣笛现象日趋凸显出来。

**三种情况司机爱鸣笛**

1. 前面车开的慢：绿灯亮的时候，前面车辆因为各种原因发动很慢，后面车辆就不愿意了，鸣笛以示催促。也有的驾驶员因为看到前面驾驶员行车速度不快，从而鸣笛提示对方让路或超车。

2. 有行人过马路：车辆正在行驶过程中，发现前方有行人或者非机动车辆穿过马路，驾驶员为了让对方注意，鸣笛警示行人。

3. 为了招揽生意：在公交站台或者路口，出租车驾驶员会鸣笛引起路边行人的关注，以明白对方是否有打的需求。

4. 一些新手上路，出于谨慎驾驶的需要，也会经常鸣笛。

**汽车噪音污染控制措施**

交通噪音对人体健康的影响是多方面的，噪音作用于人的中枢神经系统，使人们大脑皮层的兴奋与抑制平衡失调，导致条件反射异常，使脑血管张力遭到损害。这些生理上的变化，在早期能够恢复原状，但时间一久，就会导致病理上的变化，使人产生头痛、脑胀、耳鸣、失眠、记忆力衰退和全身疲乏无力等症状。如果孕妇长期乘坐噪音较大的车辆，噪音会通过作用于中枢神经系统影响胎儿发育。汽车噪音不但增加驾驶员和乘员的疲劳，而且影响汽车的行驶安全。另一方面，噪音对消化系统、心血管系统也有严重的不良影响，会造成消化不良，食欲不振，恶心呕吐，从而导致胃病及胃溃疡病的发病率提高，使高血压、动脉硬化和冠心病的发病率比正常情况明显提高。噪音对视觉器官也会造成不良影响。

控制鸣笛噪声主要从以下几方面入手：一是机动车要安装声级适中、指向性好的低噪声喇叭；二是在禁止鸣笛的地区做到不鸣笛；三是要逐步养成驾车不鸣笛的好习惯。控制鸣笛噪声首先是司机们应增强环保意识，尽量做到不按或少按喇叭。我国一些大城市在一些区域规定禁鸣喇叭，已取得明显降低交通噪声的实效。

# 34 装修避开休息段



室内装修噪声污染一直以来就是关乎民生的大问题。休息日人们大都呆在家里，但一阵又一阵刺耳的电钻声、电锯声、砌砖声响成一片，尤其在早晨和午间休息的时候，这些刺耳的噪声吵得全家人心烦意乱。有时到了晚上 8 点，这种噪声还在此起彼伏。不但让家人睡眠严重不足，而且还使家里老人血压升高、心脏病频繁发作。

装修噪声之所以扰民，其原因有三：一是各小区对于装修作业没有具体的规定和要求。二是根据《中华人民共和国环境噪音污染防治法》第四十七条规定："在已竣工交付使用的住宅楼进行室内装修活动，应当限制作业时间，并采取其他有效措施，以减轻、避免对周围居民造成环境噪音污染。"可具体怎样限制作业，该规定没有明确要求。三是由于法律法规在装修噪音管理方面没有具体规定，以至让管理方无法可依，让装修噪音污染有机可乘。

为此国家环保法规定装修噪音不能影响居民生活，晚上和中午休息时段不能进行装修。居民如发现有违规情况，可向环保部门投诉，环保部门将进行劝阻，如果劝阻不听，公安局可对其进行处罚。

希望将要装修或正在装修的朋友们避开休息日装修自己的爱巢，这不仅仅是一个当代人所应具备的文明素质，更体现了和谐社会的宗旨和环境保护的重要性。

# 35 家庭娱乐勿扰民



纷繁的噪音常令生活在钢筋水泥丛林里的城里人十分头痛。如楼下餐馆吵闹声、小区五金店哐哐声、机动车报警器声、邻居装潢声、小区卡拉 OK 声、住宅楼单位中央空调隆隆声、夜间摩托车轰鸣声、周末广场促销声、渣土车呼啸声等等。

立法者设身处地为市民着想，力图创造一个宁静和谐有序的人居环境。在住宅区内及其附近街道、广场、公园等区域进行体育锻炼、娱乐活动，使用音响器材所产生的环境噪声不得超过相应的区域环境噪声标准。夜间 10 时至次日凌晨 6 时期间禁止在住宅区及其附近区域进行产生环境噪声污染影响周边居民正常休息的体育锻炼、娱乐等活动。

居民在家庭使用音响等家用电器、乐器，举办家庭娱乐活动，应当控制音量或者采取其他措施，避免对相邻方造成环境噪声污染。禁止在白天 12 时~14 时、夜间 10 时至次日凌晨 6 时期间使用家庭影院系统等大功率的音响设备。夜间 10 时以后应当降低电视等电器的音量，防止影响相邻方的生活。

其实，降低社会生活噪声，最主要的因素取决于市民自身素质。噪声制造者缺乏自我约束能力，以及换位思考和“心中想着他人”的胸襟。如果人人设身处地为他人着想，最大限度地减少人为因素，噪声就会越来越少：商家开音响时想想楼上的住户，就会自觉调小高音喇叭的音量；夜间看电视就会自觉把声音调小，避免影响邻居睡眠；排档经营者就会远离居民区，猜拳行令者就会自觉降低“分贝”，装修业主和收废品者就会主动避开休息时间……

毕竟，良好的生活环境要靠大家来打造。要从根本上消除噪声污染，特别是社会生活噪声，需要每位市民提高自身素质，养成良好的道德水准，通过相互的换位思考和包容，共同降低噪声，营造良好的环境。与此同时，有关部门也要加大宣传力度，依法治理噪声污染。这样，相信噪声污染会越来越少，“繁华中的宁静”生活也会离我们越来越近。

# 36 科学使用煤炭



在物质的燃烧过程中都要放出二氧化硫、一氧化碳、烟尘、放射性飘尘、氮氧化物、二氧化碳等。二氧化硫易形成酸雨，二氧化碳引起温室效应。

**煤炭是什么？**

煤炭是一种可以用作燃料或工业原料的矿物。它是古代植物经过生物化学作用和地质作用而改变其物理、化学性质，由碳、氢、氧、氮等元素组成的黑色固体矿物。

此外，煤炭中还往往含有许多放射性和稀有元素如铀、锗、镓等，这些放射性和稀有元素是半导体和原子能工业的重要原料。

**烧煤后会排出什么?这种东西有什么危害？**

燃烧化石燃料给环境造成的危害是当今世界性的严重问

题，其结果是使生态环境遭到破坏，人畜生活受到危害。特别是直接燃烧煤炭所造成的环境危害更是触目惊心。化石燃料在燃烧过程中都要放出二氧化硫、一氧化碳、烟尘、放射性飘尘、氮氧化物、二氧化碳等。这些物质会直接危害人畜，导致机体癌变，使生物受辐射损伤。还会产生酸雨，形成温室效应。发达国家在工业化初期，由于大量燃烧煤炭而付出了沉痛的代价。酿成灾难的典型例子是：20 世纪五六十年代，英国伦敦由于大量燃用煤炭等化石燃料，有雾都之称。在 1952 年一次烟雾事件中，死亡人数达 4000 人。

综合、合理、有效开发利用煤炭资源，并着重把煤转变为洁净燃料，是人们努力的方向。

# 37 不燃放烟花爆竹

爆竹的主要成份是黑火药，火药是中国的四大发明之一。火药的成份主要是硝酸钾、硫磺和木炭，有的还含有氯酸钾。制作电光炮、烟花炮、彩色焰火时，还要加入镁粉、铁粉、铝粉、锑粉及无机盐。加入锶盐火焰呈红色、钡盐火焰呈绿色、钠盐火焰呈黄色。鞭炮为什么会爆炸呢?当烟花爆竹点燃时，木炭粉、硫磺粉、金属粉末等在氧化剂的作用下，发生化学反应，迅速燃烧，产生二氧化碳、一氧化碳、二氧化硫、一氧化氮、二氧化氮等气体及金属氧化物的粉尘，瞬时产生的大量气体，伴随着大量光和热，冲破炮纸的包裹，引起鞭炮的爆炸。

**一、空气污染**

先说燃放烟花爆竹产生的大气污染。有人戏称燃放烟花爆竹产生的硝烟为“年味”。刚才介绍了燃放烟花爆竹会产生这些有毒有害气体，是影响人体健康的无形的“杀手”。当硝烟弥漫时，这些气体对我们的呼吸系统、神经系统和心血管系统有一定的损害作用，对眼睛也有刺激作用。有的则会对一些疾病的发生或发展起着推波助澜的作用。

**二、噪声污染**

除夕之夜燃放烟花爆竹产生的爆炸声连绵不断，如雷贯耳，吵的人年三十之夜往往难以入眠。多年来，这在我国似乎已成为惯例。据环保部门监测，发现燃放鞭炮地区的噪声高达135分贝，远远超过人的听觉范围和耐受限度。据了解，在夜间人们所能接受的噪音不得超过45分贝，也就相当于蛙鸣声。而高强度的噪音对患有脑血管、心脏病等疾病的病人来说危害十分严重。而噪音每增加一分贝，高血压发病率相应增加。春节期间，高强度、高密度、长时间的噪音对健康的不利影响就可想而知。据报道，我国几乎每年都有因放鞭炮造成听力受到严重损伤、爆炸性耳聋、身体伤害的事例。

**三、废弃物污染**

燃放烟花爆竹还产生固体废弃物污染。春节放鞭炮后，垃圾量会成倍增加，加重了节日期间环卫工人的负担。满地纸屑、烟尘，严重影响了环境卫生。

提示：烟花爆竹给我们带来欢乐的同时，也把大量有毒有害的物质留给了我们，它不仅存在安全隐患，同样也存在污染隐患和健康隐患。

# 38 公共场所不吸烟

吸烟有害健康，口号喊了很多年，却阻止不了人们的生活方式。公共场所“禁烟令”就在实施，与其说是一条艰辛的路，不如说是对全民素质提升的一种改革。低碳生活的一种方式，人们会接受吗？

**人们为什么要吸烟？**

很多人在中学时就有了烟瘾，而吸烟的原因很简单，就是好玩。民间还有很多关于男人吸烟的谚语，如“男人不吸烟，走路打偏偏”，吸烟被视为是男性刚强个性的象征，还有“烟搭桥，酒开路”之说。可见烟在人们生活中的地位。

吸烟对大多数人来说，都是由于爱好而吸，是一种瘾。但对于少数人来说，只是场面上的一种生活方式，如几个朋友坐在一起拿出一包烟来助兴。很多人不抽烟，但家里随时都准备着烟，提供给来访的客人们。

吸烟似乎在中国是一种礼仪，朋友见面递一支香烟，遇见长辈递一支香烟，酒宴、会议、交际等，都需要香烟的衬托。一但杜绝公共场所禁烟，也就意味着一些传统的礼仪被破除。

吸烟除了延续传统外，还有很多因素。吸烟可能会给人们带来某些方面的快感，可以排忧解难，人在痛苦时，爱躲在一边抽闷烟，情绪激动时，还会连续猛抽烟。很多作家在写作时也抽烟，据说吸烟还会带来灵感。



**吸烟的危害**

世界卫生组织的报告表明，吸烟对人类的危害是多方面的，主要导致哮喘、肺炎、肺癌、高血压、心脏病和生殖发育障碍等。其中，二手烟对被动吸烟者的危害一点也不比主动吸烟者轻，特别是对少年儿童的危害尤其严重。

现在，吸烟危害人的健康已为广大人们所共识，对青少年来说，危害性就更大。据医学家研究表明，青少年正处在生长发育时期，各生理系统、器官都尚未成熟，其对外界环境有害因素的抵抗力较成人为弱，易于吸收毒物，损害身体的正常生长。青少年朋友要认清吸烟的危害，并通过小手拉大手的形式，规劝家长戒烟，倡导低碳生活。

# 39 不随意焚烧垃圾



部分市民随意在居民区内焚烧垃圾、落叶等，恶臭、浓烟呛得附近住户纷纷叫苦。对此，专家提醒，焚烧垃圾如果处理不当，其产生的气体对人体的危害很大。据介绍，焚烧垃圾会产生几种常见污染物：如二氧化硫、悬浮颗粒物、氮氧化物。容易让人呼吸困难，造成呼吸道的感染，引发呼吸系统的疾病。此外，垃圾焚烧过程中可产生有毒物质二恶英。如果孕妇在含有一定量的二恶英的环境下生活一定的时间，可能引发流产或胎儿畸形。

焚烧垃圾对大气的污染也不容忽视，期间会释放出大量恶臭、含硫等有毒气体，粉尘和细小颗粒物随风飞扬，致使空气中二氧化硫悬浮颗粒物超标，酸雨现象扬尘污染频频发生。为此，《大气污染防治法》规定，禁止在人口集中地区焚烧沥青、油毡、橡胶、塑料、皮革、垃圾以及其他产生有毒有害烟尘和恶臭气体的物质。

二恶英主要来源于固体废弃物焚烧，占其排放量的90%以上。二恶英是迄今人类所发现的毒性最强的物质。其对人类健康的影响超过了60年代DDT对人类健康的影响。非常小剂量的“错误信号”能对激素调控产生极大的影响作用，包括影响细胞分裂、组织再生、生长发育、代谢和免疫功能，因此，二恶英被称为“毒素传递素”，影响和危害正常人体系统。

# 40 不焚烧树叶

在我们的生活中，常见有人焚烧树叶等垃圾，致使空气中烟雾弥漫。有些单位和个人在处理落叶时，为了图方便私自露天焚烧，致使街道上烟尘滚滚。不仅造成路面不洁，影响城市环境，还产生大量的有害气体，造成空气污染，危害人们的身体健康，甚至可能引发火灾，因此急需找到解决办法。

据有关环保人士介绍，树叶燃烧时，这些有害物质会随着烟雾排入空气，同时还会产生大量的一氧化碳和致癌物，危害人体的健康。焚烧产生的浓烟还会影响路面的可见度，影响交通安全。此外，冬季干燥多风，露天焚烧树叶容易引起火灾，给消防安全带来了隐患。

有关人士认为，落叶不仅不是垃圾，利用好了还是一笔不小的财富，落叶腐烂后制肥及改良土壤的功能无可替代，就这样一烧了之，或者和生活垃圾混在一起填埋都很可惜。当前用焚烧炉焚烧树叶是一个很好的解决办法。焚烧炉不仅能充分焚烧树叶，而且还能降解焚烧产生的有害气体，消除烟尘对环境的污染。打个比方，一个公园每年清运费要花去几万元，其中大多是树枝、树叶。而一台焚烧炉只需 10 万元左右，两三年就可以收回投资。此外，焚烧炉还可处理其他垃圾，余热用来烧热水，可谓一举多得。

一些城市还开展了“落叶等绿化废弃物堆肥化处理循环利用”模式的试点，并对落叶进行每吨 50 元的回收，回收后的落叶送进有机肥厂。落叶变成“落叶肥”之后身价会升 10 倍。

“化作春泥更护花”似乎是目前最好的落叶处置方法，我们要深刻认识，并大力宣传做好环保工作。

# 41 不焚烧秸秆

**焚烧秸秆污染空气**

秸秆露天焚烧严重影响大气环境质量，导致大气污染。在夏秋季节，尤其是在每年的 6~7 月份收割季节，农民朋友为了尽早完成水稻的种植，将大量的废弃麦草直接在农地里焚烧，导致空气中总悬浮颗粒数量明显升高，焚烧产生的滚滚浓烟中含有大量的一氧化碳、二氧化碳、二氧化硫等有毒有害气体，对人体健康产生不良影响。

**对交通安全构成威胁**

露天焚烧秸秆带来的一个最突出的问题就是焚烧过程中产生滚滚浓烟，直接影响民航、铁路、高速公路的正常运营，对交通安全构成潜在威胁。机场每逢农作物收割季节都深受秸秆露天焚烧的危害，有时机场能见度低于 400 米，严重影响机场航班正常起飞和降落，航空公司及旅客对此反映强烈，一旦导致事故，将造成极为不良的社会影响。

**形成新的火灾隐患**

近年来，秸秆露天焚烧导致火灾事故频频发生。据相关资料报道，每年因燃烧秸秆造成直接经济损失达几十亿元之多；秸秆焚烧引起的火灾投诉案例明显上升，无论从环境角度还是从安全角度考虑，这一现象都存在潜在危害。



**秸秆的综合利用**

工业利用方面有 4 个途径：一是秸秆锅炉直接燃烧，即工厂常年用秸秆烧锅炉，其成本大大低于煤炭。二是秸秆机械制粒，将秸秆集中收购后，通过专业机械处理，压缩成型，改变其密度、强度、燃烧性能，制成秸秆煤炭，作为标准煤或木炭使用。三是秸秆机械打捆，将秸秆集中收购后用固定打捆机打捆再商业出售，用于造纸或直接用作燃料。四是秸秆机械加工，即将秸秆作为原料，用机械制绳或机械打包出售。

在农业利用方面也有 4 个用途：一是秸秆机械还田，稻麦机收的同时将秸秆切碎，然后再用机械还田，能有效改良土壤结构。二是桑园覆草，收割后把秸秆直接均匀铺放到桑田，让其自然腐烂，增加土壤有机质。三是秸秆食用菌栽培，即用稻麦秸秆种植磨菇、草菇等食用菌。

# 42 及时掐灭烟头

吸烟，是人们比较广泛的一种嗜好，我国是世界上最大的卷烟生产国和消费国。每年约消耗卷烟2800万箱，约2800亿支，每天要消耗7亿多支卷烟。此外，还有许多人抽旱烟、水烟、雪茄烟。在我国11亿人口中，吸烟者多达2亿人以上，而在30岁左右的人群中，吸烟率约30%。吸烟时要使用打火机或火柴等类的点火器具，每支点着的香烟、划过的火柴、点香烟的打火机都是一个火源。由于吸烟人数多，分布面广，吸烟量大，稍有不慎就能酿成火灾，甚至发生爆炸事故。我国有许多重大、特大火灾就是由于吸烟引起的。在生活用火引起的火灾中，吸烟占很大比例。吸烟引起的火灾次数占全国火灾总数的6%以上，在有些省、市占15%以上。

有人说："饭后一支烟，胜过活神仙"，其实不然，吸烟不但有损身心健康，而且能毁万家之财。烟头虽是个不大的火源，但它能引起许多物质着火。烟头表面温度为 200~3000C，中心温度为 700~8000C。一般可燃物的燃点大多低于烟头表面温度，如纸张为 1300C，布匹为 2000C，松木为 2500C。一支香烟燃烧时间大约 为 4~15 分钟。在这段时间内能将一般可燃物点燃，经过一段时间阴燃后，便着火燃烧。据在自然通风条件下试验，将烟头扔进深 5 厘米的锯末中，经过 75~90 分钟阴燃，便开始出现火焰；将烟头扔进 5~10 厘米的刨花中，有 75%的机会，经过 60~100 分钟即开始燃烧。而对化学危险品来说，香烟明火会立即引起它们发生燃烧爆炸。

点燃卷烟和其它烟类，绝大多数使用火柴。火柴也是一种火源。用火柴点燃卷烟，一般需 5 秒种，火柴梗的炭化部分为 10 毫米，也就是说约烧去整个火柴梗的 1/4，剩下 3/4 火柴梗尚足以维持 15 秒钟燃烧。吸烟者将卷烟或其它烟点燃后，往往将火柴梗随手一扔。据试验，将燃着的火柴梗从 1.5 米高度扔下，落地后有 20%没有熄灭；从 0.5 米高度扔下，落地后有 33%没有熄灭。这些未熄灭的火柴梗遇到可燃物也能将它们点燃。据统计，吸烟火灾约 20%是未熄灭的火柴梗引起的。烟头的烟灰在弹落时，有一部分是不规则的颗粒状，还常常伴有火星，虽然它燃烧时间很短，但如落在纤维物质及其干燥、疏松的可燃物上，也会引起燃烧。

# 43 尽量避免产生有毒垃圾

以往，由于人口相对较少，生产力水平相对较低，所产生的废物量不是很多，高毒性废物也不常见。伴随着30年代的化学革命及其后的核工业，人类生产和制造了越来越多的有毒垃圾，其中的毒素主要有：二恶英，源于塑料制品和工业废料，严重破坏人和动物的神经系统，导致癌症等多种疾病；汞，来自废电池，使人骨质疏松、变形，破坏神经系统；有机化学药品，源于化工、制药、造纸厂排放的废水，能使水质严重恶化、水生生物死亡，在动植物体内富集，导致人类慢性中毒，在废弃的建材、家庭装修废物中也含有此类物质；一些其他的垃圾，如荧光灯管等，含有铅、汞等多种重金属和有机物，导致人体神经、消化、循环等生理系统的疾病；核废料的危险性可以保留成千上万年，是最具威胁性的有毒的垃圾。另外，垃圾还能二次产生很多有毒的化合物，严重危害自然界中动植物和人类的安全，所以我们提倡垃圾分类处理、降低毒素、垃圾减量和重复利用。

垃圾的分类有如下几种：

1. 有害垃圾，如废电池、废荧光灯管、水银温度计、废油漆、过期药品等。

2. 有机垃圾，即湿垃圾，在自然条件下易分解的垃圾，如果皮、菜皮、剩菜剩饭等。

3. 无机垃圾，即干垃圾，可回收垃圾，如废纸、废塑料、废金属、废玻璃、废织物等。其中废纸包括报纸、各种包装纸、办公用纸、广告纸片、大小纸盒等；废塑料包括各种塑料袋、塑料瓶、塑料包装、泡沫塑料、一次性塑料餐盒餐具、硬塑料等；废金属包括易拉罐、铁皮罐头盒、铅皮牙膏皮等。

# 44 少用农药



农药是人类的发明，用以消灭害虫，为农牧业作出了重要贡献。然而，随着药力的加大和使用范围的扩大，农药的弊端显露出来。农药一旦进入环境中，其毒性和高残留性就会发挥作用，造成严重的大气、水体及土壤污染。在生物圈中，农药在植物体内富集或残留于植物表面，通过植物、昆虫、鱼类、鸟类及气水流通的作用，转化和富集。一方面害虫逐步地产生了抗药性，使农药需求量日益增加，出现恶性循环；另一方面，益鸟、益虫被杀，生态失衡，造成新的、更大的虫害爆发。此外，农药残留于植物表面或体内，进入自然界的水体、鱼类及昆虫体内，通过多种途径进入人体，影响人的神经、肝脏、肾脏等器官，引起慢性中毒，诱发癌症等多种病症。滴滴涕等高毒性农药甚至有遗传毒性，造成畸形婴儿，缩短寿命。

因此，我们应尽量减少农药的使用，同时推广高效低毒、对环境影响小的新型农药。充分发挥生态调节作用，保护益鸟、益虫，维持生态平衡。

发展高效、低毒、低残留农药是当前化学农药的发展方向，一些杀虫力强、无残留、使用安全的农药正逐步取代剧毒高毒的稳定性农药。如以低毒的有机磷农药代替六六六滴滴涕等，或采用容易分解，对人畜毒性低的氨基甲酸酯等农药。目前农药发展的一种新方向是研究天然来源的生理活性物质，以及结构与其相类似的合成物质。由于自然界原有的物质一般都有相应分解它的微生物群，所以这类农药易被分解而不致造成环境的污染，此外还应做好农药残毒的防治工作。首先，以综合防治为主，加强农药检验制度和农业防治措施；其次，要加强田间管理，消灭病虫孳生地，开展生物防治；第三。根据病虫杂草情况、气候条件、作物种类制定各种不同的合理施药措施，这样，才能有效控制病虫发生，减少用药和防治残毒。

减少蔬菜农药残留的方法：

1. 浸泡水洗法：一般先用水洗掉表面污物，然后用淘米水或清水浸泡 30 分钟，如此反复清洗浸泡 2~3 次，可清除绝大部分残留农药。

2. 碱水浸泡法：先将表面污物用水冲洗干净，浸泡到碱水中（一般 500ml 水中加入碱面 5~10 克）5~15 分钟，然后用清水冲洗，重复 3~5 遍。

3. 储存法：蔬菜上的残留农药随着时间的推移，能够有效地分解药量。

4. 热水法：先用清水将表面污物洗净，放入沸水中 2~5 分钟捞出，然后用清水洗 1~2 遍。

# 45 少用化肥，尽量使用农家肥



俗话说得好：庄稼一枝花，全靠肥当家。粪是农家宝，庄稼离它长不好。曾几何时，化肥的施用曾经带来了粮食的高产，然而化肥也如农药一样像一把双刃剑。化肥的使用造成地表和地下水的污染。地表径流把化肥中的氮带入江河湖泊，使微生物严重增生、水体粘稠发臭，造成富营养化，并日趋严重，导致水中含氧量下降，水生生物死亡。我国的河流中，82%存在不同程度的污染。化肥的施用还严重地威胁近海生物。氮肥随江河进入海洋，诱发赤潮，使鱼类贝类中毒死去，严重破坏海水中的生态平衡。施用氮肥过多的瓜果蔬菜硝酸盐含量过高，人畜食用后导致人的反应能力和工作能力下降，头晕目眩，意识丧失，严重的还会致癌致畸，危及生命。还有，化肥的长期施用严重降低了土壤性能，导致土壤营养结构失调、毒性增强、土质板结、生产能力下降等。化学肥料的出现仅是几百年的事，而数千年来人们一直使用农家肥，这是一种符合自然的方式，是可持续发展的。因而，我们提倡少用化肥，多用农家肥。

农家肥的种类繁多而且来源广、数量大，便于就地取材，就地使用，成本也比较低。有机肥料的特点是所含营养物质比较全面，它不仅含有氮、磷、钾，而且还含有钙、镁、硫、铁以及一些微量元素。这些营养元素多呈有机物状态，难于被作物直接吸收利用，必须经过土壤中的化学物理作用和微生物的发酵，分解，使养分逐渐释放，因而肥效长而稳定。另外，施用有机肥料有利于促进土壤团粒结构的形成，使土壤中空气和水的比值协调，使土壤疏松，增加保水、保温、透气、保肥的能力。

# 46 少用室内杀虫剂



夏季里的各种蚊虫是最让人讨厌的了，于是很多杀虫剂也应运而生。市场上销售的各类杀虫剂，按其毒性一般可分为剧毒、中毒和低毒 3 个级别。专家指出，即使是低毒杀虫剂，也会对人畜健康造成一定的影响。如目前广泛使用的卫生杀虫剂，它对机体的神经系统有着明显的毒性，长期、经常接触会引起神经麻痹、感觉神经异常及头晕头痛等神经症状。

为此，在使用杀虫剂时，要节制使用。在喷洒杀虫剂后，应立即离开现场，半小时后，要打开门窗通风，方可进入。平时即使没有喷洒，也要经常开窗换气。对于大脑发育还未完善的婴幼儿及儿童，绝对不能接触任何杀虫药剂，以免对大脑发育造成不良影响。在厨房使用杀虫剂时，切勿喷到食物和餐具上。另外，不少杀虫气雾剂都是用易燃的无味石油、苯等作溶剂，它们的燃点都很低，因此不要在使用明火的厨房和开动洗衣机的卫生间里使用，以免引起火灾。

**使用杀虫剂时应注意：**

1. 房间喷药后人要立即离开，一个半小时后打开门窗，通风排气之后再进入。

2. 孩子住的房间不要使用杀虫剂。尤其是大脑发育还未完善的婴幼儿和儿童，不要接触任何杀虫剂，包括蚊香，特别是劣质蚊香中掺有敌敌畏等有机磷农药，燃烧时农药散布在烟雾中，被婴儿吸入易致中毒，对大脑发育造成不良影响。

3. 厨房使用杀虫剂切勿污染食品和餐具。

4. 施用杀虫剂和杀虫乳油之后要及时洗手，有条件的最好能洗澡、更换衣服。

5. 不要为了增强杀虫效果而加大使用剂量。若发现家人或小孩头晕恶心、视力模糊、皮肤刺痛，应及时离开使用过杀虫剂的环境，严重者应立即送医院治疗。

# 47 不滥烧能产生有毒气体的物品



近年来，全球自然灾害频繁，其大部分源于有毒气体的排放。人们在生活中无意的就会燃烧一些物品，很不巧，也许你所燃烧的一部分就会产生有毒气体，也就是说那些自然灾害的产生就有你的一部分责任。那么了解生活中哪些物品的燃烧会产生有毒气体就非常必要。下面就列举了几种能够产生有毒气体的物质。

聚氯乙烯：聚氯乙烯燃烧时释放出大量氯化氢气体，烟气中含有大量的一氧化碳、塑料热介气和硫化物等混合性有毒气体。聚氯乙烯塑料器物，比如聚氯乙烯塑料盆，燃烧后能产生氯气，有毒。

点一卷蚊香放出的微粒和烧 100 根左右香烟的量大致相同，释放出的超细微粒，可以进到并留存在肺里，短期内可能引发哮喘，长期则可能引发癌症。其次是蚊香基底材料不完全燃烧产生的致癌物质，以及一些会刺激上呼吸道的化合物，这些物质会使人的神经系统中毒。

煤，煤可以产生一氧化碳，有毒。 橡胶，如轮胎、手套等等。燃烧后可以产生二氧化硫。因为橡胶含有硫。

高温的沥青及其烟气对皮肤粘膜具有刺激性，有光毒作用和致肿瘤作用。我国三种主要沥青的毒性：煤焦沥青>页岩沥青>石油沥青，前二者有致癌性。沥青的主要皮肤损害有：光毒性皮炎，皮损限于面、颈部等暴露部分；黑变病，皮损常对称分布于暴露部位，呈片状，呈褐-深褐-褐黑色；职业性痤疮；疣状赘生物及事故引起的热烧伤。此外，尚有头昏、头胀、头痛、胸闷、乏力、恶心、食欲不振等全身症状和眼 、鼻、咽部的刺激症状。



泡沫塑料和内部装修物品的燃烧也会产生有毒气体，这些都是化学产品，非常易燃，而且经过燃烧会产生二氧化硫等有毒气体。

鞭炮的主要成分是黑火药，含有硫磺、木炭粉、硝酸钾，有的还含有氯酸钾。制作闪光雷、电光炮、烟花炮、彩色焰火时，还要加入镁粉、铁粉、铝粉、锑粉及无机盐。当烟花鞭炮点燃后，木炭粉、硫磺粉、金属粉末等在氧化剂的作用下，迅速燃烧，产生二氧化碳、一氧化碳、二氧化硫、一氧化氮、二氧化氮等气体及金属氧化物的粉尘，同时产生大量光和热而引起鞭炮爆炸。纸屑、烟尘及有害气体伴随着响声及火光，四处飞扬，使燃放现场硝烟弥漫，硫氧化物、氮氧化物、碳氧化物等严重污染空气。这些气体对人的呼吸道及眼睛都有很大害处。

柴油是易燃物，一些农村家庭习惯用柴油做引火来点燃其他物品，而柴油燃烧会产生有毒气体：一氧化碳、未燃烧的碳氢化合物、氮的化合物和烟尘等。这些有害气体对环境百害无一利。



身边的物品很多都是聚氯乙烯制成，燃烧后的危害不容忽视，所以对于废物的处理，烧掉绝不是最好的办法。我们完全可以集中分类处理，或者进行回收再利用，环境状况已不容我们偷懒，无论是为了社会还是为了自己，都不再允许我们滥烧能产生有毒气体的物品了！

# 48 生活垃圾分类回收

近年来，我国在保护和改善环境方面做出了巨大努力，并取得了显著成效。但也仍存在着许多环境问题，特别是生活垃圾产量日益增加，其成份变得日益庞杂。这些垃圾不仅占用了大量的土地，破坏了城市景观，而且对人类赖以生存的环境造成了持续性的污染，进而对人类的健康构成威胁。

垃圾分类是指按照垃圾的不同成分、属性、利用价值以及对环境的影响，并根据不同处置方式的要求，分成属性不同的若干种类。生活垃圾一般可分为四大类：可回收垃圾、厨余垃圾、有害垃圾和其他垃圾。

1. 可回收物是指适宜回收循环使用和资源利用的废物。主要包括：（1）纸类：未严重玷污的文字用纸、包装用纸和其他纸制品等。如报纸、各种包装纸、办公用纸、广告纸片、纸盒等；(2) 塑料：废容器塑料、包装塑料等塑料制品。比如各种塑料袋、塑料瓶、泡沫塑料、一次性塑料餐盒餐具、硬塑料等；(3) 金属：各种类别的废金属物品。如易拉罐、铁皮罐头盒、铅皮牙膏皮等；(4) 玻璃：有色和无色废玻璃制品；(5) 织物：旧纺织衣物和纺织制品。通过综合处理回收利用，可以减少污染，节省资源。如每回收 1 吨废纸可造好纸 850 公斤，节省木材 300 公斤，比等量生产减少污染 74%；每回收 1 吨塑料饮料瓶可获得 0.7 吨二级原料；每回收 1 吨废钢铁可炼好钢 0.9 吨，比用矿石冶炼节约成本 47%，减少空气污染 75%，减少 97%的水污染和固体废物。

2. 厨余垃圾包括剩菜剩饭、骨头、菜根菜叶等食品类废物，经生物技术就地处理堆肥，每吨可生产 0.3 吨有机肥料。

3. 有害垃圾是指存有对人体健康有害的重金属、有毒的物质对环境造成现实危害或者潜在危害的废弃物。包括废电池、废日光灯管、废水银温度计、过期药品等，这些垃圾需要特殊安全处理。

4. 医疗废物分类。使用后的一次性医疗器械，不论是否剪除针头，是否被病人体液、血液、排泄物污染，均属于医疗废物，均应作为医疗废物进行管理。使用后的各种玻璃（一次性塑料）输液瓶（袋），未被病人血液、体液、排泄物污染的，不属于医疗废物，不必按照医疗废物进行管理，但这类废物回收利用时不能用于原用途，用于其他用途时应符合不危害人体健康的原则。

5. 其他垃圾包括除上述几类垃圾之外的砖瓦陶瓷、渣土、卫生间废纸等难以回收的废弃物，采取卫生填埋可有效减少对地下水、地表水、土壤及空气的污染。

# 49 回收废塑料

塑料的发明给我们的生活带来了很多方便，但随之而来的弊端也日益显露出来。因为它难以降解，如果我们按传统的方式像沤肥、堆填等对塑料进行处理，它会静静地呆在那里上百年不变。曾给人们带来方便的塑料袋满天飞，破坏了我们美丽的自然景观；被动物误食还会引起动物的死亡；埋入土壤中，不但长期不腐烂，而且影响土壤的通透性，破坏土质，使植物生长减少30%或更多。另外，塑料的重量轻、体积大，填埋占地多，破坏土地资源，污染地下水；如果焚烧的话，会产生二恶英，它对动物毒性极大，使鸟和鱼类出现畸形和死亡，导致人体多种疾病，是强致癌物。而塑料回收后，可用作再生塑料的原料或可用于还原炼汽油和柴油（1吨废塑料可炼700公斤左右的汽油或柴油）。虽然这项技术很好，但由于我国废塑料回收难而无法大规模推广使用。既然废塑料流入自然界危害巨大，变废为宝却能产生能源，我们应提倡塑料回收。

随着塑料制品消费量不断增大，废弃塑料也不断增多。目前我国废弃塑料主要为塑料薄膜、塑料丝及编织品、泡沫塑料、塑料包装箱及容器、日用塑料制品、塑料袋和农用地膜等。另外，我国汽车用塑料年消费量已达 40 万吨，电子电器及家电配套用塑料年消费量已达 100 多万吨，这些产品报废后成了废塑料的重要来源之一。据了解，2004 年国内废塑料已达约 1100 万吨。这些废塑料的存放、运输、加工应用及后处理若不得当，势必会破坏环境，危害百姓健康。



目前，我国废弃塑料应用的市场价值在 1000 亿元以上。近年来塑料原料涨价对该市场起到了极大的推动作用，废弃塑料价格也大幅上涨，大城市垃圾中除了一次性塑料袋和快餐盒外，现在几乎找不到废塑料制品的影子，说明废塑料的回收程度已经有了明显提高。但目前我国在回收利用技术方面，与国外先进水平还有很大差距。因此，我国塑料工业的可持续发展应围绕塑料与环境这一中心展开。

# 50 回收废纸小分类



我们每天随手丢弃的废报纸、包装盒，有多少循环再用？答案是：只有 30%！中国是世界第二大纸张消费国，国内废纸回收率远低于 43.7%的世界平均水平。专家认为，这关键在于没有建立与国际接轨的废纸回收体系。必须加快建立国内废纸的分拣、管理、利用和分类标准；必须让市民树立这样环保意识：即使不卖钱，也要将废纸交回收部门，绝不当垃圾扔掉。

要通过立法尽快制定出一套符合我国国情并与国际接轨的废纸回收法律、法规，尽快加强对国内废纸的分拣、管理、利用和分类标准的制定。同时借鉴国外成功经验，对废品收购给予政策优惠。形成由居民、小区保洁员、物业管理公司和市容环卫管理部门共同参与的“四位一体”的废纸回收分类体系。环卫部门应该成立专门的废纸回收管理机构组织，积极推进分拣中心建设。

如果从我国废纸回收利用的国情出发，按以上废纸分类原则对废纸进行分类，可将国内废纸大致分为以下 11 类：

1. 废报纸：由公众回收的未受潮，未曝晒，未泛黄的废报纸，不应含有废杂志和空白纸张。

2. 白报纸：未印刷的新闻纸页和切边，或其他类似的白色木浆纸。

3. 废旧书刊杂志：由公众回收的废杂志、废书刊及类似印刷品。

4. 出版物白纸边：未印刷的出版物白纸边，不含印刷装订切边，有色纸及湿强纸。

5. 废牛皮纸：由公众回收的废牛皮纸及纸袋纸，不含不可利用的衬纸。

6. 废瓦楞纸箱：由公众回收的废瓦楞纸箱。

7. 废包装纸板：由公众回收的无瓦楞的包装纸箱。该类废纸包括无瓦楞的纸板和纸箱等。

8. 纸箱切边：在纸箱和纸板生产过程中产生的边角料。

9. 办公废纸：由公众回收已使用过的办公废纸。

10. 特种废纸：由公众回收含高湿强剂、沥青、热溶胶等化学品的特种废纸。

11. 混合废纸：由公众回收未经分类的各类废纸。

# 51 回收生物垃圾



我们每天从家里扔出来的垃圾中有 40%以上是果皮、蛋壳、菜叶、剩饭等厨房垃圾，这些垃圾是可以用堆肥发酵的方法处理为有机肥料或饲料的。只要你把这些生物垃圾集中起来与其它垃圾分别投放，不仅可以减少环卫部门在清运过程中的能源与人力的消耗，还能节省大量的填埋占地，避免蚊蝇等害虫的孳生，并能够变费为宝，何乐而不为呢？

垃圾混装是把垃圾当成废物，而垃圾分装则是把垃圾当成资源。混装的垃圾被运送到填埋场，侵占了大量的土地。分装的垃圾被分送到各个回收再造部门，不占用土地；混装垃圾无论是填埋还是焚烧都会污染土地和大气，而分装垃圾则会经无害化处理变废为宝；混装垃圾增加环卫部门劳作，而分装垃圾则只需我们举手之劳。

现有的垃圾处理方式是有待改进的，且垃圾处理必须得到各方面的关注与支持。首先，人们应树立对垃圾的正确观念。垃圾其实是一种符合可持续发展的经济型再生资源。垃圾的回收再利用符合可持续发展的战略，使垃圾资源不被浪费。而现有的处理方式中，掩埋无疑不能回收垃圾资源；焚烧还处在一个资源回收较低的水平；只有综合利用，数管齐下，才能实现垃圾资源的最大回收。因此，垃圾资源是否得到充分利用也成为衡量一个社会是否文明的标志之一。同时也加大对“垃圾是一种资源”的宣传力度，使垃圾的再利用观点深入人心。这样，垃圾资源的回收才能更顺利、更迅速、更有效的发展下去，真正贯彻可持续发展战略。

# 52 不随意丢弃垃圾

地球是我们赖以生存的家园，并为我们提供了如此美丽的环境。但是随着社会经济的迅速发展和城市人口的高度集中，生活垃圾的产量正在逐步增加，我们的这个家园正在被垃圾所包围。

随意丢弃垃圾，不仅占用很多的土地，而且会产生一些有毒有害的物质，发出阵阵的臭味，污染空气、水源。同时，滋生蚊、蝇、蟑螂、老鼠，传播疾病，对人们的健康危害极大。

乱扔垃圾不仅破坏环境，瓜果皮扔在地上，有人一不小心踩上去就会滑倒，严重的还会伤及身体。

不乱扔垃圾是一个人讲文明的表现。在现实生活中，我们经常可以看到有的人为图个人方便，手中的垃圾随手就扔，就算垃圾箱在他旁边也不例外——照扔，丝毫没有保护环境的意识。

保护环境小贴士：

1.身体力行，不乱扔垃圾。如果手里有垃圾，应寻找周围的垃圾桶，并走到垃圾桶前，将垃圾全部放入桶中，千万不能远远地扔过去，造成垃圾散落飞溅。当一时找不到垃圾桶时，我们可用随身携带的塑料袋暂时保管一下手里的垃圾。



2.劝阻别人，不乱扔垃圾。当我们看到别人有乱扔垃圾的不文明行为时，我们应婉转地向他们提出批评。在正义和勇敢面前，他们一定会为自已这种不文明的行为感到自惭形秽，从而受到教育。

3.以身作则，主动捡垃圾。只要弯弯腰，举手之劳，就可以减少地上的垃圾。如果人人都能养成这样的行为，那么地上的垃圾纸屑就会越来越少，让我们争当文明的使者吧！

# 53 尽量利用太阳能



**利用太阳能的好处**

1. 普遍性。太阳光照射的面积散布在地球大部分角落，仅差入射角不同而造成的光能有异，但至少不会被少数国家或地区垄断，造成无谓的能源危机。

2. 永久性。据估计，在过去漫长的几十亿年当中，太阳只消耗了它本身能量的 2%，今后数十亿年太阳也不会发生明显的变化，所以太阳可以作为人类永久性的能源，取之不尽；用之不竭。它给地面照射 15 分钟的能量，就足够全世界使用一年。

3. 无污染性。现今使用最多的矿物能源，其滋生的主要问题是废物的处理。根据物质不灭原理，能源消耗越多，产生污染也相对增加。太阳能则无危险性及污染性。在人类与自然和平共处的原则下，使用太阳能最不伤和气，且若设备使用得当，装置成后所需费用极少，而每年至少可产生十的十七次方千瓦的电力。

太阳能不会带来污染，不会排放出任何对环境有不良影响的物质，是一种清洁的能源。当然，大量使用太阳能之后，由於太阳能的充分利用，结果会使环境的温度稍微升高，但这种温升，不致对环境造成不良影响。



4. 太阳能安全可靠。

核能发电会有核泄漏的危险，一旦核泄漏了便会造成极大的生态危机。而太阳能绝对没有这种情况，是十分可靠的。

**太阳能的用处**

1. 发电。即直接将太阳能转变成电能，并将电能存储在电容器中，以备需要时使用。

2. 发热。早期最广泛的太阳能应用即用于将水加热，现今全世界已有数百万太阳能热水装置。

3. 暖房。太阳能暖房系统。利用太阳能做冬天暖房之用，在许多寒冷地区已使用多年。

4. 太阳能转化到机械能。太阳能汽车，绿色环保。

5. 太阳转化到化学能。植物的“光和作用”。光能→电能→ 活跃化学能→稳定化学能。

# 54 简化房屋装修

近年，越来越多的人们开始装修自己的房屋，并以此作为生活水平提高的一种标志。殊不知，过度装修房屋不但浪费了大量资源，增加了碳的排放量，同时也把健康杀手带进了房间。有人住进了装修好的新房，但入住后却头晕眼胀、浑身不适。经检查，原来房间内的有毒气体含量超标。

让我们来看看在新装修的房屋中存在哪些危害健康的隐患

氡气——存在于建筑材料中，诱发肺癌；石棉——强致癌物质，存在于防火材料、绝缘材料、水泥制品中；甲醛——常见的室内污染物，引起皮肤敏感，刺激眼睛和呼吸道，存在于家具黏合剂、海绵绝缘材料、墙面木镶板中；挥发性有机物——苯等，存在于装修材料、油漆、清漆和有机溶剂中，多具有较大的刺激性和毒性，能引起头疼、过敏、肝脏受损，甚至导致癌症。此外，一些过度的装修还会造成房屋承重过大、抗震性减弱、易燃烧、易引发火灾等致命的缺陷。所以，我们应尽量简化装修。这样除可以节约资源外，还可以避免把隐患带回家。若要装修，也应尽量使用环保建材，同时采用种养绿色植物、开窗通风等方式，减少室内污染。

由于环境破坏、生态失衡，人们原来美好的住宅环境被钢铁、水泥、沥青和塑料所毁掉。现在，人们愈来愈向往田园生活，向往村落化的生态环境。人们希望能够住进一个体现环保观念，有利于人体健康的“绿色住宅”。

# 55 优先购买环保产品



家庭节能环保和我们的生活息息相关，而且很容易进行，使用环保产品不仅节约了资源，也为家庭节约了一定开支，一举两得。绿色家电产品简单来说是指那些即节能，而且在使用过程中不对人体和周围环境造成伤害，在产品报废后还可以进行回收利用或不污染环境的家电产品。

在各类环保家电中，环保冰箱是指无氟、节能和低噪音达标的产品；环保彩电主要是针对29英寸以上彩电，要求其辐射低于0.07毫伦/小时；环保空调，主要检测其低噪音和节能性是否达到要求；环保微波炉的指标主要是指在距离微波炉外表面5cm和5cm以外的任何点，微波功率密度不得超过10瓦/平方米；环保洗衣机的认定参数主要是噪音指标，按波轮式、滚筒式、搅拌式三种分类，噪声值分别不能超过60分贝、65分贝、

60分贝。

消费者在购买环保家电产品的时候，一定要查看“环境认证标志”。环境标志是标在产品或其包装上的一种证明性商标，要经过严格的认证程序才能获得。环境标志产品是一种在设计、生产、包装、使用和废弃物处理全过程中符合特定的环境保护要求的质量和安全性能优、环境行为优的双优产品。与同类产品相比，具有低毒、少害、节约资源等环境优势。中国环境标志的图形由中心的青山、绿水、太阳及周围的10个环组成。图形的中心结构表示人类赖以生存的环境，外围的10个环紧密结合，环环紧扣，表示公众参与，共同保护环境；同时十个环与环同义，其寓意为“全民联合起来，共同保护人类赖以生存的环境”。

# 56 优先购买季节性农产品



现在大部分蔬菜一年四季都可以在菜市场买到，有的人为了尝鲜，经常购买反季节或抢季节的蔬菜，待到应季蔬菜大量上市时都吃腻了。其实这种吃法是不科学的。在有可能的情况下，应优先选择应季的农产品，不要追求那些不合时宜的反季节蔬菜和水果，不妨等到它们出产的季节再吃。比如说，春天不必一定要吃西瓜，最好等到 7 月；秋天不一定要贪吃草莓，因为它是 5 月的美味。更为重要的是，应季蔬菜不但营养丰富充足，味道浓郁纯正，而且没有施用催熟药剂。番茄长在冬天的大棚里，维生素 C 的含量只有夏天露天种植产品的一半，口味和营养价值不如自然晚熟的水果。

所以，经常食用应季性蔬菜、水果不但有利于健康，而且能节省资源，保持生态平衡。“顺其自然”才是你的最佳选择。

**温馨小贴士：**

草莓：中间有空心、形状不规则。体形过大的草莓，一般是激素过量所致。草莓用了催熟剂或其他激素类药后生长期变短，颜色也新鲜了，但果味却变淡了。

香蕉：为了让香蕉表皮变得嫩黄好看，有的不法商贩用二氧化硫来催熟，但果肉吃上去仍是硬硬的，一点也不甜，并且二氧化硫对人体是有害的。

西瓜：超标准地使用催熟剂、膨大剂。这种西瓜皮上的条纹不均匀，切开后瓜瓤特别鲜艳，可瓜子却是白色的，吃完嘴里有异味。

葡萄：一些不法商贩和果农使用催熟剂，将没有成熟的青葡萄放入稀释液中浸湿，过一两天青葡萄就变成紫葡萄。

# 57 优先购买本地产品



记住，这并非支持地方保护主义。现代社会，生活消费品供给线路的延长，也开列出了一张长长的生态账单。运输成本逐年上升，生活消费品从农场、牧区、工业园区等运送到大城市的超级市场直至消费者手中，还是移动了比以往任何时候都长的路程。

以美国为例，一般的美国食品从农田到餐桌平均要运行2000公里；供应加利福尼亚的新鲜食品40%是远距离运输品，从加利福尼亚用货车运送一棵莴苣到纽约消耗的能量是种植一棵莴苣所消耗能量的三倍。虽然在许多地方，街头副食店、面包坊仍占据很重要的地位，但现在这些小超市正让位于所谓的特大超市。集中购物不仅增加了货品运输的距离，也增加了人们行走的距离。从这个意义上讲，购买本地产品就是保护环境。在住所附近买东西，光顾那些小商贩，他们让我们的城市更加多姿多彩。

# 58 不过分追求商品的更新换代



要说现在什么样的生活方式最流行？除了“低碳生活”那必须还是“低碳生活”。自从哥本哈根世界气候峰会进入大众的视野，“低碳”作为一种全新的经济社会发展方向，经过官方和各种社会组织团体的宣传渲染，已经进入到广大公众的视野。而上海世博会的召开，使得低碳城市和低碳生活的理念更加深入人心。《2012》电影中的“世界末日”作为一个警示，提醒我们必须善待我们的地球，在日常生活的每一个细节中减少二氧化碳的排放。

由于“低碳”生活理念至少顺应了人类“未雨绸缪”的谨慎原则和追求完美的心理与理想，因此“宁可信其有，不愿信其无”，“低碳生活”理念也就渐渐被世界各国所接受。如果说保护环境、保护动物、节约能源这些环保理念已成行为准则，低碳生活则更是我们急需建立的绿色生活方式。

低碳生活体现在我们生活中的衣、食、住、行、用等各个方面，是每位公民应尽的责任。科技部早就已经提出了适用于普通家庭日常生活行为的节能减排建议，若将其细化可包括以下主要内容：

衣：少买不必要的衣服。一件普通的衣服从原料到成衣再到最终被遗弃，都在排放二氧化碳。少买一件不必要的衣服就可以减少 2.5 千克二氧化碳的排放。另外，棉质衣服比化纤衣服排碳量少，多穿棉质衣服也是低碳生活的一部分。

电器：购买洗衣机、电视机或其他电器时，选择可靠的低耗节能产品。在家用电器能正常使用的情况下不要频繁更换。

当今社会商品推陈出新，如果在生活中追求什么都用最好的，商品消费就会形成一个误区，不利于节约更不利于环保。

# 59 买环保电池



地球环境的恶化引起了人们的广泛关注，于是，环境保护日渐得到了各国的重视。但是，由于环境保护在一定程度上可能与经济发展、社会问题有着比较难协调的冲突，因此，近年来，对于环境保护概念的理解也日趋新颖和合理。

普通电池的污染是人尽皆知的事实，如果将电视、DVD、空调的遥控器，小孩子的玩具、数码相机、手电筒等的电池都换成充电电池，一方面可以节省能源，另一方面也可以减少一次性电池的使用数量，从而减少了使用普通电池造成的污染。

充电电池涉及到铅污染的情况，也有使用寿命的，需要回收做无害化的处理。

新型绿色环保电池是指近年来已投入使用或正在研制、开发的一类高性能、无污染电池。目前已经大量使用的金属氢化物镍蓄电池、锂离子蓄电池和正在推广使用的无汞碱性锌锰原电池和可充电电池以及正在研制、开发的锂或锂离子塑料蓄电池和燃料电池等都属于这一范畴。此外，目前已广泛应用并利用太阳能进行光电转换的太阳电池（又称光伏发电），也可列入这一范畴。



让我们从身边的点点滴滴做起，为低碳生活做出贡献，尽自己的绵薄之力。希望通过我们的努力，把“低碳生活”的概念传递给每一个家庭。地球是我们的家园，我们应该保护它，不要污染它。

低碳生活，对于我们普通人来说，是一种态度，而不是能力，我们应该积极提倡并去实践低碳生活，我们不应该只在这里发出倡议，我们应该不仅从节电、节水、节碳、节油、节气这种小事做起，更应该注重从我们的日常的衣食住行上做起。低碳生活是我们要建立的绿色生活方式，只要我们去行动，就可以接近低碳生活，甚至可以达到低碳生活的标准。

# 60 不乱扔废旧电池



废电池不仅会严重危害环境和人类健康，同时还含有重要资源——有色金属，废电池回收再利用，不仅可以减少对生存环境的破坏，也可以节约资源。我国废电池回收利用才刚刚起步，任重道远。

人们日常使用的电池是靠化学作用，通俗的讲就是靠腐蚀作用而产生电能的。电池主要有一次性电池、二次电池和汽车电池。一次性电池包括纽扣电池、普通锌锰电池和碱电池，一次性电池多含汞。二次电池主要指充电电池，其中含有重金属镉。汽车废电池中含有酸和重金属铅。废电池看上去很不起眼，可是害处却很大。

有关资料显示：一节电池产生的有害物质能污染 60 万升水，等于一个人一生的饮水量；一节烂在地里的一号电池能吞噬一平方米土地，并可造成永久性公害。据估计，全球每年约有 320 亿节废旧电池被丢弃，而中国每年要消耗这样的电池 70 亿只……其危害之大不能不令人触目惊心！废电池的回收势在必行。

国外对废旧充电电池普遍采取回收再利用的方式处理，而对于废旧干电池，主要还是集中填埋。一些国家有干电池的处理工厂，但因处理成本过高，效益均不好，要靠政府补贴。我国的情况，目前填埋仍是最好的方式。回收技术应朝着降低成本、尽量避免二次污染的方向发展。同时走发展新型绿色环保电池之路：发展高能量、无污染的绿色电池，在制造之初就将环境污染和资源消耗控制在最小。从而使生产和再生利用形成一个良性循环，才能真正做到利于民又无害于民、无害于自然。

# 61 买无公害食品



绿色食品并非指“绿颜色”的食品，而是特指无污染的安全、优质、营养类食品。自然资源和生态环境是食品生产的基本条件，由于与生命、资源、环境相关的事物通常冠之以“绿色”，为了突出这类食品出自良好的生态环境，并能给人们带来旺盛的生命活力，因此将其定名为“绿色食品”。

无污染、安全、优质、营养是绿色食品的特征。无污染是指在绿色食品生产、加工过程中，通过严密监测、控制，防范农药残留、放射性物质、重金属、有害细菌等对食品生产各个环节的污染，以确保绿色食品的洁净。绿色食品的优质特性不仅包括产品的外表包装水平高，而且还包括内在质量水准高。产品的内在质量又包括两方面：一是内在品质优良，二是营养价值和卫生安全指标高。

为了保证绿色食品产品无污染、安全、优质、营养的特性，开发绿色食品有一套较为完整的质量标准体系。绿色食品标准包括产地环境质量标准、生产技术标准、产品质量和卫生标准、包装标准、储藏和运输标准以及其它相关标准，它们构成了绿色食品完整的质量控制标准体系。



在目前现实的自然环境和技术条件下，要生产出完全不受到有害物质污染的商品蔬菜是很难的。无公害蔬菜，实际上是指商品蔬菜中不含有有关规定中不允许的有毒物质，并将某些有害物质控制在标准允许的范围内，保证人们的食菜安全。

21 世纪将是一个绿色产品的世纪，随着经济社会的发展和人民生活水平的不断提高及国际环保技术的快速发展，人们对农产品，特别是食用农产品的质量提出了更高要求。安全、无污染的优质农产品成为市场和消费者必需的第一需要食品，安全性成为农产品质量标准的重要指标要求，提高农产品质量成为广大消费者的迫切愿望和要求。

# 62 认“环境标志”



环境标志，又称生态标志或绿色标志。自1978年世界上第一个环境标志——德国 “蓝色天使”标志问世以来，环境标志制度作为一种环境管理手段风行世界。目前，已有近40个国家和地区推出了环境标志制度，涉及的产品品种越来越多，甚至已经扩大到服务领域。

环境标志是由政府部门或独立机构依据一定的环境标准，向申请者颁发的一种特定标志，获得者可将它贴在商品上，向消费者表明该产品与同类产品相比，在生产、使用、处理等整个过程或其中某个过程，符合特定的环境保护要求。环境标志制度有助于环保法规的实施，是环境管理手段从“行政法令”到“市场引导”的产物。它通过市场因素中消费者的驱动，促使生产者采用较高的环境标准，引导企业自觉调整产品结构，采用清洁工艺生产对环境友善的产品，最终达到保护环境、节约资源的目的。

中国环境标志是一种证明性标志，它作为官方标志表明获准使用该标志的产品不仅质量合格，而且在生产、使用和处理处置过程中符合环境保护要求，与同类产品相比，具有低毒少害，节约资源等环境优势。正是由于这种证明性标志，使得消费者易于了解哪些产品有益于环境，并对自身健康无害，便于消费者进行绿色选购。获准使用该标志的产品不仅质量合格，而且在生产、使用和处理过程中符合特定高标准的环境保护要求，与同类产品相比，具有低毒少害、节约资源等环保优势。

# 63 认“绿色食品标志”



绿色食品标志由特定的图形来表示。绿色食品标志图形由三部分构成：上方的太阳、下方的叶片和蓓蕾。标志图形为正圆形，意为保护、安全。整个图形描绘了一幅明媚阳光照耀下的和谐生机，告诉人们绿色食品是出自纯净、良好生态环境的安全、无污染食品，能给人们带来蓬勃的生命力。绿色食品标志还提醒人们要保护环境和防止污染，通过改善人与环境的关系，创造自然界新的和谐。

**绿色食品三特征**

据介绍，绿色食品是遵循可持续发展原则，按照特定生产方式组织生产，并经专门机构认定准许使用绿色食品标志的食品。一般分“A”级和“AA”级。而绿色食品标志，是经国家工商行政管理总局注册的证明商标，未经注册人许可，任何人不得擅自使用。

和普通食品相比，绿色食品有三个显著特征，一是强调产品出自最佳生态环境，产品或产品原料的产地必须符合绿色食品的生态环境标准；二是对产品实行全程质量控制，农作物种植、畜禽饲养、水产养殖及食品加工必须符合绿色食品的生产操作规程，产品必须符合绿色食品的质量和卫生标准；三是对产品依法实行标志管理，产品的标签必须符合《绿色食品标志设计标准手册》的规定。检查发现，一些食品滥用、套用“绿色食品”标志和编号，或自封“绿色”称号。有的只在一个品种上注册绿色食品标志和编号，但却在同一种食品多个品种上重复使用“绿色食品”标志和编号；有的打着绿色营养的旗号误导消费者。

**绿色食品的标志**

消费者在购买“绿色食品”时应注意辨别真伪，特别是要学会查看标称绿色食品的产品包装。凡是绿色食品，在其包装上都印有绿色食品商标标志、文字和产品编号。

# 64 选绿色包装



绿色包装（Green Package）又可以称为无公害包装和环境之友包装（Environmental Friendly Package），指对生态环境和人类健康无害，能重复使用和再生，符合可持续发展的包装。它的理念有两个方面的含义：一个是保护环境，另一个就是节约资源。这两者相辅相成，不可分割。其中保护环境是核心，节约资源与保护环境又密切相关，因为节约资源可减少废弃物，其实也就是从源头上对环境的保护。

从技术角度讲，绿色包装是指以天然植物和有关矿物质为原料研制成对生态环境和人类健康无害，有利于回收利用、易于降解、可持续发展的一种环保型包装，也就是说，其包装产品从原料选择、产品的制造到使用和废弃的整个生命周期，均应符合生态环境保护的要求，应从绿色包装材料、包装设计和大力发展绿色包装产业三方面入手实现绿色包装。

具体言之，绿色包装应具有以下的含义：

1. 实行包装减量化 (Reduce)。绿色包装在满足保护、方便、销售等功能的条件下，应是用量最少的适度包装。欧美等国将包装减量化列为发展无害包装的首选措施。

2. 包装应易于重复利用 (Reuse) 或易于回收再生 (Recycle)。通过多次重复使用，或通过回收废弃物，生产再生制品、焚烧利用热能、堆肥化改善土壤等措施，达到再利用的目的。既不污染环境，又可充分利用资源。

3. 包装废弃物可以降解腐化 (Degradable)。为了不形成永久的垃圾，不可回收利用的包装废弃物要能分解腐化，进而达到改善土壤的目的。

4. 包装材料对人体和生物应无毒无害。包装材料中不应含有有毒物质或有毒物质的含量应控制在有关标准以下。

5. 在包装产品的整个生命周期中，均不应对环境产生污染或造成公害。

以上绿色包装的含义中，前四点应是绿色包装必须具备的要求，最后一点是依据生命周期评价，用系统工程的观点，对绿色包装提出的理想的、最高的要求。从以上的分析中，绿色包装可定义为：绿色包装就是能够循环复用、再利用或降解腐化，而且在产品的整个生命周期中对人体及环境不造成公害的适度包装。

# 65 少用一次性筷子



一次性筷子又称“卫生筷”、“方便筷”，是人类社会生活节奏加快和社会服务发展到一定阶段的产物，曾被视为一种文明标志。然而，现实表明，其所谓“卫生”和“方便”不过是人们一种虚幻的心理期望，它的使用与“折枝为筷”本质相同，与每餐清洗消毒、不需要众多生产基地和繁琐运送过程的多次性筷子比，既不卫生也不方便。它的生产，是一种野蛮的掠夺行为，它的储运中伴随着难以避免的污染。而其使用，显然是不洁和浪费。一株生长了20年的大树，仅能制成6000~8000双筷子。我国每年生产一次性筷子1000万箱，其中600万箱出口到日、韩等国。日本人发明了一次性筷子，却不用自己国土上的森林生产，而且用后回收用于造纸等。我国森林覆盖率不足日本的1/4，每年为生产一次性筷子减少森林蓄积

200 万立方米。因此，我们提倡外出就餐拒绝使用一次性筷子，平时学习和工作中拒绝使用木杆铅笔等。

拒绝一次性筷子不只是一句口号、一种观念，而应该是一种生活方式，除了一次性筷子，我们还应该拒绝一次性餐具、一次性纸杯等一次性用品。付诸每个小小的行动，少一分破坏、多一分建设，珍惜任何可再利用的资源，保护自然环境，才能为我们地球环境的恢复提供帮助。

# 66 少买不必要的衣服



一件普通的衣服，在生产过程中要经过诸如染色、漂洗等许多步骤，无一不对环境造成直接污染，而在运输过程中也要消耗大量的燃料，对空气造成污染。有数据显示：每人每年少买一件不必要的衣服可节能约 2.5 千克标准煤，相应减排二氧化碳 6.4 千克。如果全国每年有 2500 万人做到这一点，就可以节能约 6.25 万吨标准煤，减排二氧化碳 16 万吨。另外，棉质衣服比化纤衣服排碳量少，多穿棉质衣服也是低碳生活的一部分。

英国每年只有 16%的丢弃服装和纺织品被回收上来，或者被再利用，而进入垃圾填埋场的废旧纺织品和服装高达 63%。

只是 39%的在线调查受访者考虑扔掉衣服会造成环境污染，而 63%衣服进入填埋降解垃圾场，产生有害温室气体。其实回收衣服与其他材料的回收和再利用一样重要。大量的自然资源进入服装生产，因此，尽管在快餐时尚时代人们很容易丢弃一件服装，但你也应该考虑一下环保问题，以及你自己的钱包！

事实很惊人，生产服装所消耗的能源比生产钢材或玻璃高出 10 倍。

# 67 交流捐赠多余的物品



我们的每一个消费行为都潜存着一个信息。我们应该带着环保的眼光去评价和选购商品，审视该产品在生产、运输、消费、废弃的过程中会不会给环境造成污染。我们手中的钞票就像是“绿色的选票”，哪种产品符合环保要求，我们就选购哪种产品，这样它就会逐渐在市场上占有越来越多的份额；哪种产品不符合环保要求，我们就不买它，同时也动员别人不买它，这样它就会逐渐被淘汰，或被迫转产为符合环保要求的绿色产品。如果每个消费者都能有意识地选择有利于环境的消费品，那么这些信息就将汇集成一个信号，引导生产者和销售者正确地走向可持续发展之路。

如今，人们的生活水平提高得很快，家中都淘汰下来不少旧衣服、旧家具、旧家电，这些东西放在家中多占空间不说，还比较碍事，可是这些东西当废品卖又卖不了多少钱，如果拿出来捐给真正需要帮助的人手中，不但培养了人们的爱心，更是保护了我们的环境。同时也使下一代传承了助人为乐和注重低碳生活的精神和传统，又何乐而不为呢？

# 68 自备餐盒

一次性白色快餐盒是“白色污染”的主要祸根之一。据统计，全国铁路列车餐车上一年消耗 8 亿多只快餐盒，其中近 50%被丢弃在铁路沿线。“白色污染”是对于废弃塑料造成的环境污染的形象说法。塑料是高分子聚合物，不易降解，很容易对环境造成危害：（1）破坏市容环境，是造成环境脏、乱、差的一个重要原因；（2）遗弃的塑料制品如粘有污染物，会成为蚊蝇和细菌生存、繁殖的温床，危害人体健康；（3）农田使用的塑料薄膜老化后破碎遗留在田间，会破坏土地结构，阻碍植物吸收水分及根系生长，影响农作物收成；（4）散落在湖海及田野的废塑料碎片被动物及小生物误食，会导致其生病、死亡。请自带饭盒在单位或学校就餐，减少白色快餐盒的使用。这样既节约了宝贵的石油资源，又能减少垃圾的产生。

从起初的发泡型到现在的可降解型，一次性餐盒的使用量有增无减。上班族、学生是使用一次性餐盒的主要人群。大部分人都知道一次性餐盒不管是从卫生角度还是环保角度都存在着诸多争议，然而就是贪图其方便，才会一直使用。现今市面上的一次性餐盒并不是全都符合国家标准，长期使用不合格的餐盒是会对身体带来不良影响的，自备饭盒才是首选。



颜色：大多数人会认为白色的餐盒才是干净的，卫生的，但可降解餐盒却不是这样。一般的可降解餐盒是选用纸或植物作为原材料，而它们本身的颜色都不是白色的，我们日常所用的纸张也都经过了漂白。像淀粉制成的餐盒就会发灰色，其他类的餐盒颜色也稍深，不是纯正的白色，一些合格餐盒也可能为了加强美观性，在后期制作过程中加入了可食用的助剂。

气味：一些劣质餐盒本身会带有一定的刺鼻气味，这是由于在加工过程中加入了一些有害的化学试剂或工业添加剂。

质地：合格的餐盒本身会带有一定的“韧性”，不会很脆、一捅就破，应该具有较高的强度。

**专家提醒：**

1. 平时应少用、慎用一次性餐盒，最好是自己携带饭盒既卫生又经济。

2. 不要用一次性餐盒进行微波加热，这样会导致餐盒中的一些助剂进入到食物中，污染食物，对人体健康造成危害。

3. 对于商贩所用的发泡塑料餐盒应拒绝使用。

# 69 自备购物袋

购物袋，顾名思义，就是用于购物的袋子。目前市场上可用的购物袋主要有：塑料购物袋、无纺布购物袋、纸类购物袋、棉麻购物袋等。

“限塑令”的实施，不仅减少了白色污染，更显示着全民环保意识的提升，符合构建环境友好型社会的时代要求。通俗讲，环保购物袋就是从购物袋原材料的生产到购物袋加工制造过程都不对环境造成污染，而且产品可循环使用，丢弃后容易在自然条件下被环境消纳，不会给环境带来污染。

下面我们就按照这个要求对市场上的各类购物袋进行分析，看看究竟哪种更环保。

根据塑料袋标准规定，塑料购物袋分为 3 种，即普通塑料购物袋、淀粉基塑料购物袋、降解塑料购物袋。

1. 普通塑料购物袋

普通塑料袋是人们最常见的塑料购物袋，这种购物袋一般采用聚乙烯为原料，添加不同量的碳酸钙等无机填料制备而成。这类塑料购物袋原料来源于石油，本身不具有降解性能，是造成白色污染的主要元凶之一。但此类塑料购物袋可多次循环再利用，具有优异的可回收性，回收料的性能略有不同程度的降低，但可用于生产性能要求不高的产品。这次“限塑令”主要限制的就是这类塑料袋。“限塑令”要求这类塑料袋的厚度达到0.025mm，就是为了进一步提高其可重复利用性和可回收性。



2. 淀粉基塑料购物袋

淀粉基塑料购物袋以改性淀粉为主要原料，添加少量聚乙烯等高分子材料以改善其性能。该塑料购物袋使用后抛弃在野外，淀粉部分可自然降解，但添加的高分子部分要看添加的高分子种类，如果是可降解的塑料，那么整个购物袋都可以被自然降解；如果是聚乙烯等不可降解塑料，添加的高分子部分仍然无法被自然消纳，成为白色污染的来源，而且还无法回收。

3. 降解塑料购物袋

此类购物袋以可完全降解塑料为原料生产，具有完全降解性能。产品抛弃在野外可以完全降解为小分子而被自然消纳，无环境污染。这类可完全降解塑料一般都是通过可再生的生物资源如秸秆、玉米等制备而成，因此是一种较为彻底的环保购物袋。

这里需要说明的是，降解购物袋不是一次性使用的购物袋，也不是用一次就降解了。降解购物袋降解一般需要被废弃并接触到垃圾或水才降解，而且降解的时间往往需要半年以上。因此，降解塑料袋也是一种可以重复利用的塑料袋，绝不是一次性使用的购物袋。降解购物袋代表了环保购物袋发展的前途，目前国外都推广此类购物袋。



无纺布袋环保性低于塑料袋：

很多人以为，无纺布叫“布”就是天然材料、环保材料，因此“限塑令”后大家纷纷使用无纺布袋，其实这是一种误解。无纺布其实就是用塑料制造的非纺织布，常用的无纺布原料为聚丙烯，同塑料购物袋用的聚乙烯类一样，都属于 5 大通用塑料品种，也是用百年都不能降解的塑料品种。因此，用无纺布制成的购物袋从本质上说也是塑料袋，环保性和普通塑料购物袋一样，也都完全不能降解。

从性价比上来讲，相同重量（消耗同样的塑料）的无纺布袋，强度不如普通塑料袋，而且不防水，加工成本高，价格又高于塑料袋几倍之多。如果是采用两种以上材料制造的无纺布购物袋，回收再利用的难度要大于普通塑料购物袋。

目前号称环保袋的无纺布袋在环保方面唯一的优势就是，可以多次重复利用。实际上，无纺布袋的重复利用情况确实较普通塑料袋为好。

# 70 减少粮食浪费

“谁知盘中餐，粒粒皆辛苦”。可是现在浪费粮食的现象仍比较严重。而少浪费 0.5 千克粮食（以水稻为例），可节能约 0.18 千克标准煤，相应减排二氧化碳 0.47 千克。如果全国平均每人每年减少粮食浪费 0.5 千克，每年可节能约 24.1 万吨标准煤，减排二氧化碳 61.2 万吨。据有关部门估计，全国每年浪费的粮食，足够五千万人吃一年，多么惊人的浪费啊！

所以，以中国有全世界 1/5 人口来计算，全世界每年浪费的粮食足够 2 亿以上的人吃一年!!

在日常生活中，随处可以见到浪费粮食的现象。也许人们并未意识到自己在浪费，也许会认为浪费这一点点算不了什么，也许仍然以为我们的祖国地大物博。然而事实是：我国人口已超过 13 亿，每年的净增长是 1200 万人；人均耕地面积

1.2亩，是世界人均值的1/4；目前耕地面积正以每年30多万亩的速度递减；全国40%的城市人口消耗的粮食依靠进口。从1981~1995年间，全国共减少了耕地8100万亩，每年因此而减少粮食生产500亿斤。而且现在这个减少速度仍然在不断加快。乱占耕地、挖沙、土地质量下降、荒漠化等种种现象在蚕食着耕地。现实绝对不容乐观!! 节约粮食，是我们每个公民应尽的义务，而不是说你的生活好了，你浪费得起就可以浪费。浪费是一种可耻的行为。只要存有节约的意识，其实做起来很简单：吃饭时吃多少盛多少，不扔剩饭菜；在餐馆用餐时点菜要适量，而不应该摆阔气，乱点一气。



平时有没有浪费粮食的现象呢？在学校里，早中晚在食堂用餐发现这种现象真的是非常严重的，每天总有好多米饭、馒头被浪费了，真是太可惜、太令人痛心了！浪费可耻，从某种意义上说简直是“犯罪”。凡事贵在坚持，节约要从点滴做起，尤其需要坚持。一天两天可以，一年两年呢？更长的时间呢？不仅仅是对粮食，要让节约内化为自觉，成为习惯。

我们要开展各种爱惜粮食、节约粮食的主题活动，真正达到《中学生日常行为规范》提出的“爱惜粮食的要求！”今天，我们知道了国情，进一步明确了爱惜粮食、节约粮食的特殊意义。有首古诗说得好“一粥一饭，当思来之不易；半丝半缕，恒念物力之维艰。”我们每个同学都要从现在做起，要拿出实际行动，为党为国家分忧，把爱惜粮食、节约粮食的活动扎扎实实地开展下去。

# 71 减少畜产品浪费

节约畜产品在一定意义上即意味着在来年可以减少相应数量的畜产品生产、流通和仓储，因此，畜产品生产、流通和仓储过程的生产资料消耗量得以降低，碳排放随之减少。由于全国畜产品流通和仓储过程中的生产资料消耗量未见有完整的资料统计，所以，仅以畜产品生产过程的能耗为考虑内容。根据有关资料：每人每年少浪费 0.5 千克猪肉，可节能约 0.28 千克标准煤，相应减排二氧化碳 0.7 千克；如果全国平均每人每年减少猪肉浪费 0.5 千克，每年可节能约 35.3 万吨标准煤，减排二氧化碳 91.1 万吨。

# 72 拒食野生动物



由于环境的恶化，人类的乱捕滥猎，各种野生动物的生存正在面临着各种各样的威胁。近100年，物种灭绝的速度已超过了自然灭绝速度的100倍，现在每天都有100多种生物从地球上消失。我国也已经有10多种哺乳类动物灭绝，还有20多种珍稀动物面临灭绝。而它们的灭绝会导致许多可被用于制造新药的分子归于消失，还会导致许多有助于农作物战胜恶劣气候的基因归于消失，甚至引起新的瘟疫，由此所造成的损失是我们永远也无法挽回的。

野生动物资源的加速减少与消费者吃食野生动物有关。许多消费野味者迷信野味，认为吃野生动物可以强身健体。可是，科学研究证明，野生动物并不都像人们想象那样有营养，相反许多野生动物种类如猴子、果子狸、老鼠、蛇、青蛙、鸟类等与人类共患疾病有 100 多种，如狂犬病、结核、鼠疫、炭疽、甲肝等。肆虐许多国家和地区的非典病毒和流行的禽流感病毒，再一次给我们敲响了警钟。

因此，请管住自己的嘴，无论处于怎样的情形下，都请对餐桌上的野生动物食品说不！都请对杀戮乱食野生动物的行为说不！没有出路就会断绝来路。假如，每个人都做到了拒食野生动物，使那些杀戮野生动物的行为没有出路、没有市场，那些不法分子就不会铤而走险了。



对于野生动物，我们应该做的就是：不抓它，不吃它，不虐待它，不杀它，总之，要保护它！

# 73 拒绝野生动物制品

在地球上，人不是唯一的动物，还有许许多多别的生灵。它们和人类一样，都是大自然的子民，任何一个物种的灭绝，都会影响到整个生物链的平衡。然而，人类为了自己的享受使许多物种濒临灭绝。大片的原始森林和珍惜植物被砍伐，大批的野生动物被猎杀。偷猎者——偷卖者——消费者，究竟谁之罪？救助野生动植物，必须从改变我们的生活价值和生活方式开始。如果每个人都拒绝野生动物，拒用野生动植物制品，那些偷卖者才会失去市场，偷伐偷猎者也才会销声匿迹。保护生物的多样性，就是保护人类自己。让我们在每个人的心中建起一座自然保护区。

在我国不少地方还有出售野生动物及其制品的现象。然而，在这些所谓“美味”、宠物和奢侈品的背后，却暗藏着非法的野生动物贸易。这些通过非法贸易走私而来的动物，往往是濒危而珍贵的。如果我们面对非法野生动物贸易不当机立断说“不”，那么原本就已十分脆弱的生态系统将会被推向崩溃的边缘。其实，保护野生动物就是保护我们人类自己。

中华人民共和国野生动物保护法》规定：禁止出售、收购国家重点保护野生动物或者产品。商业部规定：禁止收购和以任何形式买卖国家重点保护动物及其产品（包括死体、毛皮、羽毛、内脏、血、骨、肉、角、卵、精液、胚胎、标本、药用部分等)。我国也是《濒危野生动植物物种国际贸易公约》成员国之一。

# 74 多吃素菜



**当代饮食习惯**

随着生活水平的提高，越来越多的人对肉类等高脂肪食品情有独钟，随之而来的却是种种疾病，而素食却渐渐被人们所淡忘，殊不知健康往往就躲在被遗忘的角落！以下就是关于素食的一些小知识。

**食用素菜的好处**

一切果蔬谷类的营养最易消化、最容易被人体直接吸收，植物中纤维素也能防止便秘的发生。

素食令人心平气和、头脑清醒：吃动物时也把动物的激素、荷尔蒙一同吃进肚里，使人容易暴躁和发脾气。反之素食者大都性格温驯，时常保持心平气和 ，就好比大象、长颈鹿等食草动物一样，不恃强凌弱。动物脂肪阻塞血管，会产生胆固醇，令身体（包括脑部）老化。素食者的血液清洁，脑力当可大为提高。

**素食的特点**

中国素菜是中国菜的一个重要组成部分，其显著特点是以时鲜为主，选料考究、技艺精湛，品种繁多，风味别致。素菜通常指用植物油、蔬菜、豆制品、面筋、竹笋、菌类、藻类和干鲜果品等植物性原料烹制的菜肴。

**肉食与素食之间的比较**

现代医学研究证实，人聪明与否，主要取决于脑细胞间传递信息的速度。当人的体液呈碱性状态时，脑细胞间传递信息的速度和效果均处于最佳状态，人就变得聪明；而体液呈偏酸性状态时，大脑反映迟钝，动作缓慢，学习和工作的效率均处于低下状态，人就显得笨拙。

众所周知，肉类属酸性食品，摄入人体后会使体液趋于酸性；而蔬菜、水果属碱性食品，摄入人体后会使体液趋于碱性。由此看来，肉食不仅会使人肥胖，也会使人变得迟钝；素食不仅会给人带来健康，也会使人变得聪明。

不少生态科学家认为：人工饲养牛、羊等动物会产生巨大的温室气体甲烷，这将加速全球变暖进程。相对于减少汽车使用量，普通民众减少肉类消费，对遏止全球变暖的作用更大。

所以，多吃素菜益处多多！经济实惠，又美味又环保，聪明的你自然知道该怎样选择。

# 75 无污染旅游



1.大气污染。伴随着游人进入各种旅游景点，供游客乘座的交通工具蜂拥而至，这些交通工具特别是汽车排放大量有毒尾气、扬起尘埃和众多游人呼出的二氧化碳，以及旅游景点内的宾馆、饭店等生活锅炉排放的废气，都对旅游区的空气造成严重污染。

2.水体污染 。有些游人进入森林公园和海滨浴场，到处乱扔纸屑、塑料袋、果皮、玻璃瓶、罐头盒等，随地大小便和乱吐痰。以及旅游区内的生活垃圾、污水随意倾倒，使旅游区内及附近的水体遭到严重污染。

3.垃圾污染。全国各地，许多风景区内，到处可见游人丢弃的杂物，有些茶室、餐厅、凉亭之内几乎垃圾遍地，难以插足，如此脏乱环境，令大好风景黯然失色。

4.噪声污染。森林公园、风景名胜区一到旅游旺季，超负荷客流量导致的环境嘈杂声、汽车喇叭声、燃放鞭炮声，破坏了旅游区清静的环境。

当你出行旅游时，请不要污染、破坏自然环境。少用一次性用品，减少垃圾量。如有垃圾则应投放到指定地点；在有分类垃圾箱的地方，要分类投放。不攀折践踏花草树木，不随便采集标本，不污染水源。尽量利用公共交通工具出外游玩，以此减少尾气排放带来的空气污染。如果你能骑自行车出游的话，就更符合环保潮流了。



无污染旅游——除了脚印，什么也别留下！

# 76 不损坏和践踏花草树木

花草树木是人类的健康益友，爱护花草树木能体现一个人的高尚品德。道路旁、花坛和公园中的花草树木是供人观赏的，也是创建园林城市必不可少的，生活中我们人人都要爱护、珍惜。其实，花草树木对我们的帮助可大啦。

一是美化环境。首先，花草可供欣赏，花草以其特有的花行、花色、花香和赏心悦目的绿色而深为人们所喜爱。其次，花草可以丰富人们的文化生活，调节生活品位。花草为艺术家提供了美术作品所用图案的素材。再次，花草有美化环境的作用。花草能有效吸收太阳强光中对眼睛有害的紫外线，茂盛的花草绿地还能减少噪音的危害。

二是维护生态平衡。能够调节、影响气候，调节水的循环，增加土壤的净水能力，保护水土。树木能涵养水源，防风固沙，保持水土，使土壤不受风化。

三是有益身体健康。花草树木是“治疗器”。在芳香宜人的花木丛中，人变得精神松弛，消除了疲劳，十分舒畅。花草树木是“天然的制氧厂”。人无时无刻不吸进氧气，呼出二氧化碳，绿色的叶子吸收二氧化碳，放出氧气。据统计，每 15 亩树林，一天可以吸收 3 吨二氧化碳，放出 700 多公斤的氧气。清新的空气，使人的头脑清醒，精神焕发。花草树木是“空气的过滤器”。树叶上的气孔、绒毛和所分泌的黏液都吸收或粘住大量灰尘。据统计，一亩树林一年能吸附 60 吨灰尘，起到了净化空气的作用。花草树木是“灭菌队”。像桉树、白桦树、松树等，能分泌出一些能杀死病菌的挥发物质。有的还可以吸收有毒气体。花草树木是“消声器”。花草树叶，能阻隔噪音，或把噪音大部分吸收掉，它像一张吸音帷幕，消除危害人体健康、令人心烦意乱、神经紧张的噪音。花草树木是“降温器”、“御寒物”。夏天，它能遮住炙热的阳光、吸收大量的热能。冬天，它又可以挡住阵阵寒风，因而起到了冬暖夏凉的作用。

四是树木全身都是宝。为人类提供饮食、纺织品、燃料和建筑材料。造福全人类。

# 77 植树护林



植树造林、退耕还林和生态重建是极为重要的。治理沙化耕地，控制水土流失，防风固沙，增加土壤蓄水能力，可以大大改善生态环境，减轻洪涝灾害的损失，而且随着经济林陆续进入成熟期，产生的直接经济效益和间接经济效益巨大，还能提供大量的劳动和就业机会，促进当地经济的可持续发展。巨大的森林碳汇将为保护全球气候系统和生态环境发挥积极作用。

**一、自动的调温器**

夏日树荫下气温比空地上低 10 度左右，冬季又高 2~3 度。

**二、天然除尘器**

树叶上长着许多细小的茸毛和黏液，能吸附烟尘中的碳、硫化物等有害微粒，还有病菌、病毒等有害物质，还可以大量减少和降低空气中的尘埃。一公顷草坪每年可吸收烟尘 30 吨以上。因此，人们把绿色植物称为“天然除尘器”。

**三、氧气制造厂**

树叶在阳光下能吸收二氧化碳，并制造人体所需的氧气。据测定,一公顷阔叶林每天约吸收 3 吨二氧化碳,释放氧气 700 公斤。因此，人们把绿色植物称为“氧气制造厂”。

**四、细菌的消毒站**

松、樟、榆等树能分泌杀菌素，杀灭结核杆菌、白喉杆菌等病菌。



**五、天然的消音器**

绿化还能吸收声波，减低噪声。在人口集中，交通、工矿企业发展很快的城镇，噪声对人类的危害越来越严重。据资料记载，噪声在 50 分贝以下，对人没有什么影响，当噪声达到 70 分贝，对人会有明显危害，如果噪声超过 90 分贝，人就无法持久工作了。目前在我国很多城市，噪声超过 70 分贝的环境很多，因此，噪声作为一种公害，已引起人们普遍重视，采取了各种减少噪声的措施，而绿化造林就是一举多得的好办法。

从科学试验中得知：公园成片林木可降低噪声 5~40 分贝，比离声源同距离的空旷地自然衰减量要多降低 5~25 分贝；汽车高音喇叭在穿过 40 米宽的草坪、灌木、乔木组成的多层次林带，噪声可以消减 10~15 分贝，比空旷地自然衰减量要多消减 4 分贝以上；在城市街道上种树，也可消减噪声 7~10 分贝。

# 78 倡步行，健身又环保

现代日趋紧密的生活步调和日益提高的生活水平，使人们的出行方式也逐渐改为以汽车为主，步行的方式渐渐被人遗忘。但是，出行开车给人们带来的却是身体的日益缺陷化和大气污染的严重化。

**提倡步行的必要性**

为了改善健康状况和加强环保意识，我们应该提倡步行。让我们看一些资料：促进全身健康不间断地步行运动 20~30 分钟，相当于每小时行走 4000~5000 米，能使心血管系统持续不断地输送新鲜血液和氧气遍及全身，可以增强心肌、肺脏和肌肉的功能，并促进血液循环。有规律地锻炼，可以控制血液中胆固醇的水平，保持动脉系统的清洁和健康。有规律的步行运动能增加肺容量并减少便秘的发生，受益最大的是足。步行运动可以强壮足部的骨骼、关节、韧带和肌肉，有利于防止日后的损伤和疼痛。在环保方面，以步行代替机动车，可以减少空气中有害气体的排放，从而减轻困扰城市的热岛效应程度。符合我们对低碳生活的要求。

**步行运动应掌握的要点**

1.运动前要做一些伸展性运动或轻缓运动进行“热身”，然后再开始训练。训练后还要进行一些“恢复性运动”，目的是预防肌肉、韧带或关节的损伤。



2.最好选择在晚饭前或进餐半小时以后，在空气清新的场所进行。可以先从每天步行20分钟，每周至少3次开始。之后，可逐渐增加步行时间和每周训练频率，经过3~4个月以后，可以每天步行45分钟，每周训练5天。

3.以一般强度和中等强度的运动为主。中老年人应先进行一般强度的步行运动，经过几个月的运动适应后，过渡到中等强度的步行运动。

4.步行运动应有一个“互助环境”。如果是与几个伙伴同行，就会心情舒畅。因此，为了使步行运动坚持得更长久，并减少运动损伤，应该和家人、朋友或邻居结伴运动。

**步行的好处**

另外，医学专家们发现，长期徒步上下班和外出旅行的人，心血管疾病、神经衰弱、血栓性疾病和慢性运动系统疾病的发病率都明显低于喜欢乘车的人。步行作为一项运动，具有很多好处，它可以增强腿部和臀部的肌力，提高肌肉的防御抵抗能力，消除扭伤或痉挛，使躯干肌肉得到运动，从而改善脊椎的姿势，并可以预防背脊疾病，减少膝盖和髋关节负荷，制止骨骼退化并预防骨质疏松症。专家指出，步行能增强血管的弹力，减少血管破裂的可能性；增强肌肉力量；促进血液循环，更好地进行新陈代谢；增强心脏功能，使人心跳慢而有力；增强忍耐力，使人心境开朗、精神愉快；减少脂肪和胆固醇在动脉壁上聚积的可能性，减少血凝块的形成和心肌梗死的可能性；降低血糖，减少血糖转化成脂肪的可能性；降低血压、减少心脏病发病率。

**步行的方法**

不过，步行也是要有技巧的。正确的健身步行应当是挺胸抬头，迈大步，每分钟大致走 60~80 米。胳膊应保持直角弯曲状态，视线要保持在行走路程前进方向 4~5 米的点上。走的线要直，不要左弯右拐。每天步行半小时至 1 小时，强度因体质而异，一般以微微出汗、心率达每分钟 100 次左右为宜。只要坚持 3 周就可见到显效。

# 79 短途尽量选择骑自行车

**你平时出门都是采用什么交通工具？**

现在，越来越多的家庭买车后以车代步，哪怕是很短的路途也会开着车去，自行车越来越遭受冷落。你的家庭也是这样吗？其实，平时生活中尽量减少开车的机会，多多使用自行车才有利于环保。

**汽车尾气的危害**

从世界范围看，空气污染的一个重大因素是汽车尾气。汽车尾气中含有一氧化碳、氧化氮以及对人体产生不良影响的其他一些固体颗粒，尤其是含铅汽油，对人体的危害更 大。铅在废气中呈微粒状态，随风扩散。造成大气污染越来越严重，对人们的身体健康威胁也越来越大。

**关于出行方式的调查**

多年以前，城市里市民出行多半靠自行车。现在骑自行车出行的比例逐年下降。当城市交通拥堵日益严重时，自行车再次受到青睐。经调查，10 名私家车主和 10 名用非机动车的出行者中，无论是私家车一族还是自行车一族，普遍感受到自行车低碳绿色环保健康的优势，这是大家重新选择这种出行方式的关键。

推行用公共自行车出行或者自己备一辆自行车短途出行的方式不错，但自己真正做起来要打折扣。有时候也想“环保”一下，但总是难以养成习惯。当然，如果城市普遍推行公共自行车租赁服务，应该会逐渐让人们养成短途出行骑自行车的好习惯。选择哪种方式出行，关键是看哪个更方便、更环保。而自行车一族则认为，现有的自行车骑行环境应该再完善一些。给骑自行车出行的人留有空间。青少年学生不提倡坐车接送上下学，要鼓励骑车上下学。

# 80 长途尽量选择乘坐公共汽车



我们的生活离不开交通工具，各类工具都有各自的使用优势，当我们外出旅行时，最好是乘坐公共汽车。汽车具有速度较快、方便等特点，是目前重要的出行工具。它不仅省钱，还能减少由私家车带来的大气污染。是一举多得的事情。

公共汽车，指在城市道路上循固定路线，有或者无固定班次时刻，承载旅客出行的机动车辆。一般外形为方型，有窗，设置坐位。又称为公交车、公汽或巴士，其中“公交”是公共交通的简称。

**乘坐公共汽车好处多：**

1. 省钱

乘坐公共汽车每次就几元钱，可以乘坐几十公里。可是使用私家车，随着油价的日益上涨，汽油费成为了一笔头疼的花销，还包括养路费，年审费等一大堆名目繁多的钱，与此相比，公交车就显得省心省力。

2. 安全

公交车车体大，车载重，与私家车的小型车相比更加安全。公共汽车司机一般经过正规学时培训，技术过关，加之常年跑固定线路，使得公交车安全性大大提高。

3. 为交通便捷做贡献

每辆公交车可以乘坐几十人到上百人不等，运力集中，可有效避免交通拥堵。

4. 陶冶情操

公共汽车上遇到老弱病残孕，主动让座，是我们中华民族的传统美德。一个人的公民素质可以从公交车礼让看出差异，培养自己的良好的道德情操，公交车无异拥有较好的环境条件。

5. 培养耐心

一般情况下，公交车会按时按点接送乘客。不过随着交通的拥堵，路况日渐复杂，偶尔会出现公交车晚点或者拥堵的状况，这时，耐心就显得尤其重要，经常坐公交车的人，耐性一般比私家车的乘员更加坚韧，好的耐受力无异对人的一生发展至关重要。

# 81 每月少开一天车

随着生活水平的提高，私家车已经逐步走入了寻常百姓的家庭，越来越多的人成了有车一族，给他们的生活与工作带来了巨大的便利和空间的拓展。但是，随着车辆的增加，尾气、噪音污染等问题日趋严重，加之石油资源是不可再生的稀缺资源，开发新能源，降低环境污染已经到了刻不容缓的地步。

据交通部门相关统计数据，按照每公里二氧化碳排放量约为 100 克、日常出行 30 公里计算，每月少开一天车，30 万辆车一年可以减排二氧化碳 10800 吨。

每月少开一天车的好处：

1. 减少机动车尾气排放，降低空气污染程度，改善空气质量。

2. 减少机动车燃料消耗，倡导资源合理利用的节约风尚。

3. 减少道路拥挤，提高通行能力，改善交通环境。

4. 避免“亚健康”。长期开车缺少运动会造成身体的“亚健康”。尽管身体没有大问题，只是因长期开车缺乏必要的运动而造成。因此，医生善意地提醒有车族：有车之后也要运动健身，当心开车也能开出一身病。

为了自己及家人的健康，为了更加的低碳环保，请您每月少开一天车。

# 82 选购小排量汽车



“到 2020 年我国单位国内生产总值二氧化碳排放比 2005 年下降 40%~45%。”这是不久前我国政府为应对全球气候变化做出的庄严承诺，与之相伴的却是我国汽车保有量的飞速增长和 2009 年我国以 1300 万辆汽车销量跃居全球第一的严峻现实。发展低碳经济，对乘用车行业发展造成巨大减排压力。

在能源危机的当下，消费者选购小排量汽车已成为世界汽车发展的趋势。日本 0.66 升以下小排量车市场份额占总销量 60%以上，欧洲排量在 1.0 升以下的车年销量达 450 万辆，占汽车总销量的 35%;若将紧凑型两厢车算在内，其小型车销量占总销量 60%以上。2009 年乘联会的报表统计显示，排量在 1.5 至 1.6 升的 A 级车走势超强。而 1.4 升以下的小排量车在诸多利好的强心剂下，未能超越总体市场的走势，仍没有成为购买热点。这不能不说是我国环境日趋恶化的催化剂。

众所周知，选择小排量汽车，就是选择精致低碳生活。汽车耗油量通常随排气量上升而增加。排气量为 1.3 升的车与 2.0 升的车相比，每年可节油 294 升，相应减排二氧化碳 647 千克。如果全国每年新售出的轿车（约 382.89 万辆）排气量平均降低 0.1 升，那么可节油 1.6 亿升，减排二氧化碳 35.4 万吨。相当于种植了 200 多万棵沙棘树来吸收相应的二氧化碳。



所以我们要选购小排量汽车以实现低碳经济的理念，达到低能耗、低污染、低排放的低碳经济模式。

# 83 购买混合动力车



混合动力汽车（Hybrid Electrical Vehicle，简称 HEV）是指同时装备两种动力来源——热动力源（由传统的汽油机或者柴油机产生）与电动力源（电池与电动机）的汽车。通过在混合动力汽车上使用电机，使得动力系统可以按照整车的实际运行状况灵活调控，而发动机保持在综合性能最佳的区域内工作，从而降低油耗与排放。

虽然现在真正在市面上出售的混合动力车并不多，但开混合动力车，早已成为了一种趋势，更是一种时尚。目前，已经有人开始驾驶着混合动力车在街道上奔走。那么，使用混合动力车到底有何好处呢？

与其他车相比，混合动力车最大的优势就是环保、省油。

在国外，混合动力车非常流行，但在国内，面临的状况似乎还是有些尴尬。在未来，混合动力车是一种趋势，从环保上来说，更应该在全国范围内推广。所以国家在相应政策上应该给予鼓励。但目前的混合动力车价格贵，尚待普及。

其实，如果油价继续攀升或实行燃油税，道路拥堵又难以根本改善，市场的混合动力车的需求就会非常迫切。合资生产或者进口混合动力车，估计很快就会被精明的生产商或经销商提到议事日程。混合动力车将是中国未来车辆环保的新趋势。

# 84 驾车时做到平稳起步

汽车平稳起步，即节约燃料，又能使交通保持顺畅，千万不能猛抬离合，猛加油。但是，平稳起步作为一项重要的驾驶员训练技巧，并不是每一个人都能熟练掌握的。

在应用驾驶过程中，检验一个驾驶员的基本功是否过硬，看其是否接受过严格的、正规的训练，只要从“起步、换挡、打方向”这三方面的操作，就可一目了然。其中，最具代表性的操作就是“起步”，有的初学者开车好几年了起步仍不过关，还有的是正常情况下起步还可以，稍有点情况变化（如：驶入交通岗、高速公路收费口以及人车混杂的环境中）需要马上起步时，不是前冲，就是熄火，甚至刚刚起步就发生了事故。由此可见，巩固和强化驾驶基础科目的训练，是熟练驾车的先决条件，是确保行车安全的基础，下面就让我们一起重新回顾一下汽车平稳起步的几种基本技法。

1. 平路起步的操作要领

①左脚迅速踩下离合器踏板，右手将变速杆挂入 1 挡。

②注视倒车镜，开左转向灯，按喇叭（禁鸣地区除外）。

③右手松开驻车制动（手制动）。

④左脚抬离合器踏板至“半联动”（车身发抖、发动机声音变小）位置时“停住”，同时右脚慢跟油门约 1/3 位置。

⑤当汽车平稳走行之后，再慢慢抬离合器踏板到顶，并且把左脚放在离合器踏板左下方，起步操作完成。



2. 起步平稳的关键

汽车起步时，抬离合器踏板有“快、停、慢”三个不同过程，能否做到平稳起步，关键在于能否掌握好“停”的时机。汽车由静止状态过渡到行走，会产生一个“静态惯性”。好比一个人端着满满一杯水走路，要想保证水不洒出来，脚下发力就必须“轻”，这个“轻”在汽车起步过程中就表现在离合器的“半联动”位置，即抬离合器踏板时“停”。此时发动机正在把动力经离合器的“半联动”状态（也叫接触点）轻轻地传给行走装置，该状态输出的动力较小，能够保持汽车在超低速状态下行走。所以，要在这个位置“停顿”一段时间，才能使汽车在较轻动力的状态下平稳起步。

# 85 驾车时尽量避免紧急刹车

刹车的目的是减速，可以是降低速度也可以是使车辆停止。刹车作用的原理是把车子的动能转化为热能消耗掉，而动能来自于发动机提供的动力，需要燃料燃烧做功来提供，也就是说你踩一次刹车就意味着你的汽油要浪费一点。所以，请你一定记住第一条：开车尽可能少踩刹车，刹车只是为了停车或者紧急情况下不得不采用的方法。

我们在实际驾驶中遇到的情况是千变万化的，很多情况我们不得不被迫踩刹车，这种情况我们就要考虑合理地减少踩刹车的时间和频率。我们知道发动机有滞速作用，在不是紧急的情况下要尽可能充分利用发动机来减速——现在的电喷发动机被动运转的时候电脑会控制少喷油甚至不喷油，此时油耗很低，甚至远远低于怠速油耗。比如说你在开车的时候发现前面较远处有红灯，并且路上车很少，此时就应该松开油门，让发动机滞速，而不要急于挂空档踩刹车。在大多数发现情况较早并且有足够时间处理的情况下都可以采用这种方法。 慢起步、慢加油、慢刹车、适时换档：尽量避免紧急制动，否则不仅会使磨合中的制动系统受到重创而且会加大底盘对发动机的冲击负荷。有人习惯在等车时，挂一档踩离合等候，或是摘了空档还踩着离合器。这种习惯会造成离合器长时间处于磨损状态。磨合中的车辆在行驶时应循序渐进，以最低档起步，逐步加高档位，切不可使用高档位低速行驶，或低档位高速行驶。并且勤换档位，不要长时间使用一个档位行车。



同时，在最初行驶的500公里内切忌紧急刹车，紧急刹车将会使磨合中的系统受到冲击，大大降低汽车的使用寿命。如确有突发情况，紧急刹车时应尽力踏下离合器踏板，以减少对发动机的冲击。

所以，紧急刹车不仅损害车辆性能，而且更加耗费燃油，即危害健康，同时还会增加大量的二氧化碳排放，是得不偿失的不良的驾驶习惯。

# 86 驾车时保持经济时速



当小型车处于 60Km/h~90Km/h 之间这一“经济时速”时最省油。但是，无论车速过高或过低对节油都不利。车速低，活塞的运动速度低，燃烧不完全；而车速高，进气的速度增加导致进气阻力增加，这些都使油耗增加。

一般说来，应该尽可能用高速挡行车，少用中间挡。并进一步学好诸如“平稳驾驶”，避免“突然加速”、“刹车”以及频繁换档，不猛踩油门、高速路上关闭车窗、减少不必要的引擎运转等驾车小技巧，能使省油效果更加明显。

举个最简单的例子，为什么大家都说经济时速是 90 公里/小时呢？这个数值绝对不是随口一说的，因为大部分轿车在这个速度下，发动机转速处于效率最高的情况下，同时这个车速下的风阻、路面阻力正好是发动机在效率最高的转速下能够输出的扭矩，而速度和阻力的乘积再乘以一个系数（如汽车的传动效率等）又正好满足发动机的输出功率，此时车子能够保持匀速——既不加速也不减速，即不存在浪费。同时这个速度相对较快，综合起来此时百公里油耗最低。由于流体力学的原理，随着车速的加快，其风阻不是成比例的增加的，如果车速再快的话，随着风阻加大，油耗必然就开始又逐渐上升了。

当然每辆车不可能一样都是90公里/小时，有的可能是88公里/小时，而有的可能是95公里/小时，一般说90公里/小时是为了便于实际操作。

浪费更多的燃油，意味着更多的排放，对环境更强的污染，保持最佳时速，是每一个驾驶员的必修课，就算城市道路拥挤，无法达到最佳时速，但也应该尽量保持在最佳时速范围内行驶。

# 87 驾车滞留超过 1 分钟时要熄火

**等车或堵车的时候宜熄火等候**

堵车或等红灯的时候，绝大多数车主的做法都是挂入空挡，拉上手刹，然后静静等待。但试验得到的数据却证明，发动机在空挡情况下怠速运转 3 分钟消耗的燃油足够让汽车多行驶 1 公里。正因为如此，目前欧洲为了减少汽车尾气排放，停车立刻熄火已经被作为交通法规强制执行。

绿色驾驶建议：遇到等红绿灯停车时间超过 1 分钟，堵车怠速行驶 4 分钟以上以及停车等人的情况，一定记住要熄火。即使只等 1 分钟，重新启动也比怠速更省油。

**到达目的地后如何让发动机熄火**

到达目的地之后，如何让汽车发动机熄火，每个人都有自己的做法。概括起来可分为以下 3 种。

第一种是让发动机进入怠速工况运转一会儿，再让发动机熄火。第二种是立即让发动机熄火。第三种是开空调后或发现发动机温度过高时，立即让发动机熄火，以便降温。上述熄火方法各异，给发动机的使用寿命也带来了不同的影响。我们提倡第一种做法，否定后两种做法。这是为什么呢？

1. 发动机在高温下立即熄火，会使汽油加速结胶。

这种现象发展的结果是堵塞喷油器，使喷油器喷油量下降，各气缸喷油不均匀，喷油雾化质量变差，发动机怠速不稳，动力下降，尾气排放污染加重。对于化油器发动机来说，由于化油器各量孔结胶，改变了量孔通道截面，严重影响了空燃比，使尾气排放的有害气体增加。

2. 破坏润滑油膜，加速机件磨损。

要最大限度地延长发动机的使用寿命，降低尾气中有害气体的排放，应掌握发动机熄火的正确方法。这就是发动机在高温下工作后，应先进入怠速运转，让发动机降温，再关闭点火开关，使发动机熄火。

# 88 私车定时查尾气



从世界范围看，空气污染的另一重大因素是汽车尾气排放。汽车尾气中含有一氧化碳、一氧化氮以及对人体产生不良影响的其他一些固体颗粒，尤其是含铅汽油，对人体的危害更大。铅在废气中呈微粒状态，随风扩散。农村居民，一般从空气中吸入体内的铅量每天约为一微克；城市居民，尤其是街道两旁的居民会大大超过农村居民。铅进入人体后，主要分布于肝、肾、脾、胆、脑中，以肝、肾中的浓度最高。几周后，铅由以上组织转移到骨骼，以不溶性磷酸铅形式沉积下来。人体内约 90%~95%的铅积存于骨骼中，只有少量铅存在于肝、脾等脏器中。骨中的铅一般较稳定，当食物中缺钙或有感染、外伤、饮酒、服用酸碱类药物而破坏了酸碱平衡时，铅便由骨中转移到血液，引起铅中毒的症状。铅中毒的症状表现很广泛，如头晕、头痛、失眠、多梦、记忆力减退、乏力、食欲不振、上腹胀满、嗳气、恶心、腹泻、便秘、贫血、周围神经炎等；重症中毒者有明显的肝脏损害，会出现黄疸、肝脏肿大、肝功能异常等症状。

为了改善大气质量，我国许多城市都开始提高柴油、汽油质量，减少铅含量，积极向无铅汽油过渡，安装汽车净化器，等等。尾气超标，害人害己，如果你家有汽车，请别忘了定期查查尾气。

# 89 尾气超标要及时维修

尾气排放的多少与是否经常进行维修有密切关系，原因是发动机在工作的时候脏得最快的就是化油器和空气滤清器。马路上的扬尘造成空气中小悬浮颗粒物含量大，如果遇到恶劣的风沙天气或灰尘大的路面更为严重。空气滤清器只能过滤掉空气中较大的杂质，而大量的微粒杂质则会通过空气滤清器，经化油器进入气缸。由于汽油中有一种胶质成分（国产汽油胶质含量相对较多），在发动机反复工作的时候，会沉积在化油器的油道和气道表面。其中影响最大的是化油器各空气量孔。因为它的孔径细小，要求精密，当空气中的灰尘、杂质通过时在汽油胶质的吸附下会很快沉积下来，使各空气量孔直径变小，从而造成空气供量减少，供油量相对增加，使可燃混合气燃烧不完全，这就是发动机怠速和高怠速尾气排放超标的原因。如果经常进行维修，就可减少尾气排放量，为保护环境做贡献。如果不经常进行检查，时间过长，就会对汽车造成损害。

所以建议要经常对汽车进行维修，来保持车子的最佳状态，减少尾气的排放。

# 90 使用无铅汽油



众所周知，汽油（包括柴油）都是从石油中提取的，而石油则是在远古时期的动、植物遗体由于地壳的运动被压在地层深处，在高温、高压和缺氧的条件下经过复杂的化学变化而形成的，其化学成分比较复杂，它不是单一的元素组成的，而是由碳氢化合物构成的混合体。

汽油的主要成分是烷烃，它的性质稳定，发热量大且不易氧化。另外，汽油中的芳香烃的抗爆性强，而石油中还含有少量氮化物、氧化物和硫化物等，属于油料中的不良成分，在炼制过程中是要尽量设法去除的。

为保护生态环境，加快实现我国车用汽油无铅化进程，国家质量技术监督局于 1999 年 12 月 28 日发布了“车用无铅汽油”强制性国家标准。这一标准于 2000 年 1 月 1 日起开始实施。同时，随着我国汽车保有量的增加，使用含铅汽油造成的大气污染问题越来越严重，对人体健康造成了严重危害，为此国务院办公厅于1999年下发文件，要求从2000年1月1日起，全国所有汽油生产企业一律停止生产车用含铅汽油，并于2000年7月1日起在全国停止销售和使用车用含铅汽油。

无铅汽油正在我国迅速取代含铅汽油。众所周知，含铅汽油危害环境。但是，我们的认识仅仅停留在这个水平上是不够的。事实上，含铅汽油对发动机性能和寿命有不利影响。发达国家的大量调查研究已经证实，推广无铅汽油以后，汽车发动机的维护保养工作量明显减轻，发动机技术状态有所改善。

# 91 外出吃饭点菜不要过多

外出吃饭时，你是否有这样的习惯？经常饭后桌子上还剩下很多的菜，由于不方便或是要面子，也不打包带走。不经意间，造成了不必要的浪费，虽然现在人们生活水平普遍提高了，但铺张浪费还是应该坚决抵制的。

常言道：开饭店不怕大肚汉。饭店经营者本来就是以赢利为目的，顾客多点菜商家就能多赚钱。从消费者的角度来看，豪爽要面子就是国人的传统，在请客吃饭上也不例外。不论谁请客，总是七大碗、八大碟，尽管吃不掉，也要讲究一个排场和气派。“买两碗豆浆，喝一碗倒一碗”，这虽然是一句调侃的话，但也折射出一些人铺张浪费的观念。

在餐厅多点菜、讲排场往往造成巨大浪费，这股风气应当纠正。也许有人说，这些浪费是消费者自己的钱，别人管不着。可钱虽然是个人的，但粮食、资源却是大家的，是子孙后代的，人人都有节约的责任和义务。

为了切实地把节约落到实处，我们倡议：

1. 用餐不攀比,以节约为荣,浪费为耻。

2. 点餐要适量，每次少点，不够再填，做到不随便剩饭剩菜，若有剩余要打包带回家。

3. 提倡饮食均衡，培养节约意识。

4. 遇到浪费现象勇敢地起来制止，尽力减少浪费。

# 92 支持减卡救树活动

每年圣诞和元旦期间，总会看到很多买贺年卡和卖贺年卡的人，邮筒里塞满了各种各样的贺卡。看着精致的卡片、祝福的话语，每个人都会有一种温馨、幸福的感觉，无可非议，这是一种交流感情的很好的方式，但大家却忽视了它所带来的环境问题。

**“减卡救树”的意义**

我国的贺年卡纸质很好，而且对大多数人来说，贺年卡是一次性的，不能再做其它用途，用完之后大多丢弃或长期积压，年复一年，浪费了大量宝贵的森林资源。一张贺卡从砍伐树木、印制纸张、精美加工、集中邮寄至废弃扔掉，其中资源的消耗、污染物的排放和人力物力的浪费都十分惊人。

以每17棵树制造1吨纸张计算，每寄4000张卡就相当于砍掉一棵树。大量的贺卡吞噬着宝贵的森林资源，大量的造纸黑液、废水污染着河流湖泊……

我们呼吁减卡救树的意义不仅在于希望全社会的人少寄贺卡、多用电子贺卡，更重要的是，以此为契机使大家意识到保护树木要从身边的小事做起、从点滴做起，改变观念，使用网络资源，适应未来的信息社会，提倡可持续发展的生活方式，友好地对待环境！

**“水果贺卡”新祝福**



元旦、春节等节日是贺卡风行的季节。特别在校园内，有很多具有环保意识的同学采取了很多别出心裁的形式来代替贺卡。比如，广播点歌祝福亲友、印手帕赠友人、树叶书签代贺卡、水果和丝带来代替贺卡等形式。这些表达祝福的方式，既环保又富有新意，值得推广。

“嗨，圣诞快乐！”当一只黄澄澄的橙子带着问候语来到你面前，在众多贺卡里头，你肯定会对这“张”飘着水果香的“贺卡”惊喜不已。这就是目前学校中最流行的水果贺卡。

新环保贺卡——水果贺卡，只见鲜橙、苹果、香蕉等水果上系上祝福的丝带，或者直接在果皮上写下节日祝福。收件人在收到贺卡感受到惊喜后，可把“卡”剥皮吃掉。送橙子有“诚心诚意”的意思，送苹果有“平平安安”的意思，送柠檬则代表纪念青涩岁月，以此表达对朋友的祝福。水果可以赋予别致的祝福，成为一份特殊的礼物，也是别出心裁环保贺卡的一种流行趋势。

# 93 不要向江河湖海中倾倒垃圾

去海边游玩度假，是暑期很多人的预期计划，可是现在很多海边浴场、风景区以及江河，成堆的垃圾随处可见，周边环境实在是太令人扫兴。每次涨水过后，江河湖海的周边都布满了各种塑料、布片等垃圾，由于没有指定的垃圾场，各地的江河湖海就成了最方便的垃圾倾倒地。

垃圾是时时刻刻困扰我们的一个问题，处理垃圾的好与坏，直接影响到我们的可持续发展问题.在报纸和一些杂志中经常看到有些人或工厂向江河湖海中倾倒垃圾及排放污水，会造成水体污染。水体污染的危害是多方面的。

首先，直接影响工农业用水及其产品质量。据调查，截止至1998年，我国由于水污染每年造成的直接经济损失高达377亿元；其次是破坏生意环境，造成渔业减产，并危害人体健康。如世界闻名的日本水俣病，就是因汞、镉污染水体而引起的严重公害事件；再次，水体污染进一步减少了可用水资源。

据研究，每排放 1 立方米污水，就污染 14 立方米天然水。截止到 2000 年，全世界污水排放量达 6 千亿立方米，如不进行污水处理，势必污染大量天然水体，从而加剧水资源不足的矛盾，甚至导致世界性水荒等。水体污染的原因是多方面的，但我们每一个人只要注意都可以对减轻这种污染有所作为。虽然国家下了大力度整治，但收效甚微，应该提高人们在这方面的觉悟，让人们认识到这样做的危害，才能从根本上解决这些问题。

# 94 了解家乡水体分布和污染状况

1. 走访家乡的水政部门了解近40年来家乡自然水体、水域发生了怎样的变化，包括河流的改道；水库、人工渠道的修建；河道的拦截等等；鱼类种数的变化、渔业生产形式的变化。最好能够绘制出两张不同时期的水系分布图。

2. 走访家乡的环境保护部门。了解近40年来家乡环保情况。如果有环境污染，就深入了解环境污染形成的原因，现在是否采取了防治措施。请他们介绍这些年来环境状况发生的变化，帮助分析环境恶化的原因。

3. 水体状况实地调查。首先了解本地范围内有哪些水体(山塘、水库、河流、小溪流)。问一问老人，它们原来是不是这个样子，水质有什么变化；鱼的种类和产量有什么变化；把水体污染和水域变迁与鱼类产量变化联系起来，通过老人们的口来讲述：自然生态系统的破坏和水资源的污染，是造成家乡鱼类品种减少，产量下降的主要原因。

4. 走访家乡的老年人。请他们回忆家乡近 40 年来渔业生产的变化，尤其是家乡特色鱼的变化，并且分析这些变化之所以产生的原因。让老人们谈一谈自己的感受。

# 95 自觉维护公共环境卫生

“控制你的手，垃圾不乱走”；“人人做环保，世界更美好”；“这里是我家，清洁靠大家”；“保护好环境，美丽又干净”。城市中，随处可见这些标语。这些标语是告诫我们，维护公共环境，人人有责。

无庸讳言，不爱护公共环境卫生的现象，是一种不文明的陋俗。在街上就不难看见乘公交车和出租车的人将吃完东西的包装纸、牛奶袋、瓜果皮等丢出车窗外，且无一点羞愧感；在公园里也不难看到明明有垃圾桶等公用设施，一些人还是在广场上乱扔垃圾，且毫不在乎；在办公室内随意吐痰、乱扔东西，且脸上无一点火辣感……林林总总，不一而足。

其实，真正检验我们对环境的贡献不是言辞，而是行动。虽然我们现在做得只不过是一些微小的事，但是要是我们人人都有保护环境的责任心，从自己做起，从小事做起，携手保护我们的家园，自然会给人类应有的回报。

在温暖的摇篮——草原上小憩；在慈祥的笑脸——天空下成长，在爱的源泉——河流中沐浴阳光。中国，也会变得璀璨辉煌！

# 96 参与环保宣传

目前在中国，人们对人类活动与环境的内在联系的认识还相当贫乏。由于中国特殊的资源、环境、人口状况，环保宣传和教育更显得重要。通过积极的环保宣传，可以使人们认识到环境破坏的危害性和环境保护的重要性，进而更进一步地认识到并关心经济、社会、政治和生态的相互依赖性，增强每一个人的责任感并使其获得保护和改善环境、支持可持续发展的知识和技能。具体可实施如下方式方法：

1. 举办环保知识展览。

2. 宣传演出（以组织演出方式进行宣传）。

3. 上门讲解。

4. 学校、社区环保知识竞赛。

5. 组织评选环保模范。

6. 贴宣传标语。

7. 组织整治环境义务劳动。

8. 拍摄模范行为及不良行为照片，进行展览。

# 97 做环保志愿者

很多人说："我也想像他一样，当一名环保志愿者，但是没有时间也没有机会。"还有一些人经常会问："我想当一名环保志愿者，我该怎么做呢?"今天，我们的地球已经面临深刻的危机，需要我们用自己的行动来拯救。环保志愿者也成为一个时尚的名词。

**想当一名环保志愿者，应该怎么做呢?**

要为环保做贡献，不是要直接从事环保工作，也不是参加了某某环保组织，参加了环保活动，才算一名环保志愿者。作为普通人，完全可以从小事做起，做一名真正的环保志愿者。

当看到水龙头在滴水时，是不是能够举手关上呢?当购物时能否自觉不使用超薄塑料袋呢……一件件小事虽然都很不起眼，但却体现我们究竟具备了多少环保意识。有一位老奶奶，她每次上街买菜都要自带一个小布袋，每次上餐馆吃饭都要自带一个小钢勺。这看起来很平常，但能够像这位老人家一样，长年自觉坚持不使用白色塑料袋，不使用一次性筷子，确实不容易。这不但要有坚定的环保信念，还需要有良好的习惯。

环境保护不仅仅包括保护动物、森林，防治大气、水污染这样一些“大事”，也包括我们周围生活中无处不在的各种小事。任何公益行动、志愿行为，除了完成自身任务之外，还有一个基本的功能和使命——倡导、影响；身边事、眼前人。倡导、影响更富感染力，口口相传，人人互动，使周边的人更能感同身受，更能意识到，这不是被动的接受服务，而是应该自己主动参与进来。



环境保护，从我做起，其实并不难。我们可以学着那位老奶奶，自己带只勺子从此不用方便筷；整理出每天的购物袋循环使用；还可以搜集废弃的一次性餐具、水杯，做成小工艺品，变废为宝；注意节约用电，离开房间时关上电器，拔下插头；每年参加植树造林活动，并在自己的居室内外种植花草；尽可能用节能灯代替普通灯泡；不购买、品尝野生动物，劝亲友不要到野外捕食飞禽走兽；尽量以步代车或骑自行车；尽量少购买一次性物品，如筷子、剃刀、纸杯等；尽量选择用可回收利用材料包装的饮料……

请记住：信仰理想，沐浴纯洁，心怀严肃，坚守独立、自由、喻己的警醒。做一名环保志愿者，从小事做起，从自己做起！

# 98 与破坏环境和生态的行为作斗争

我们很多人羡慕欧美国家美丽如画的环境，然而他们也曾经历过环境被破坏和污染的时期，是环境意识、法律和社会公德及公众的监督形成了良好的社会风气，才取得了今日的环境保护成就。在美国的高速公路旁，你经常可以见到倒下的大树，偶尔还可以发现被撞死的动物，但是绝对没有人将其弄回家去，否则将被起诉和惩罚。在新加坡更是以法律和公众监督来制约破坏环境的行为。

我国也制定了很多关于环保的法律法规。如《环境保护法》、《固体废弃物污染环境防治法》、《噪音控制防治法》等，以制裁破坏环境的不良行为。

我们每一个人都是环境破坏的直接受害者，我们应该学会用法律来保护自己。当你发现有偷猎野生动物、向河流排放污水、滥砍乱伐等等行为时，应及时向执法部门举报，并通报给新闻媒体，让社会舆论对其进行谴责。只有我们共同参与，才能建设出具有美好生态环境的生存空间。

# 99 关注新闻媒体有关环保的报道



随着经济的发展，中国的环境问题日益突出，中国的媒体也开始更全面、更深入地报道环境问题。电台、电视台上涌现出一批报道环境的节目（栏目），如中央电视台的“人与自然”、“环境周刊”、“环保时刻”、“绿色时空”；等。社会影响较大的报纸则有：《中国环境报》、《中国绿色时报》等等。近两三年来，有关环境的报道激增。请多关注这些报道并积极宣传这些内容，以唤起更多人的环境意识。

作为新时代的青少年，更要加强培养环保意识，多多关注新闻媒体有关环保的报道。只要我们时刻保持保护和依法治理环境的意识，未来的天空一定是碧蓝的，水是清澈的，绿树成荫鲜花遍地，人类可以尽情享受大自然赋予我们的幸福。

# 100 阅读和传阅环保书籍、报刊



我们生活在物质文明高度发达的现代社会中，享受着现代化带来的安逸，然而也承受着现代化带来的恶果——环境污染、资源短缺、生态破坏……人类从未像现在这样对自己的生存空间构成如此严重的威胁，所以如何长久地生存在我们的地球上，如何走可持续发展道路，如何做好环境保护已经成为全球共同探讨的问题。据说联合国一年365天几乎天天都开会，会议主题千差万别，但都不同程度上关系到人口、资源、环境问题。

然而，由于人们的知识水平不一样，对环保的认识存在很大的差异和局限，我们应该经常性地阅读有关环保方面的书籍和报刊，增加对于环保的认识，同时尽可能地把书籍和报刊借给周围的人，让更多的人了解和关心环保。这样环保才能成为一种普遍的认识，成为一种潮流，才能转化成人们的行动。一些绿色经典著作，如《寂静的春天》、《没有我们的世界》等图书，对人们的环保意识起到了巨大的推动作用，影响了众多人的环保观念。所以我们应该多读此类著作，同时向更多的人推荐。